综合能源服务
大数据应用

国网宁夏电力有限公司信息通信公司　组编

中国电力出版社
CHINA ELECTRIC POWER PRESS

内 容 提 要

本书从用户需求侧角度出发，主要介绍如何利用大数据算法分析用户能源利用效率，深度挖掘数据背后的意义。全书共分为 7 章，主要内容包括综合能源服务概念、工业用户的主要能源结构、工厂智慧用能平台建设过程、综合能源用户的价值分析、综合能源服务的能效指标评价体系、电能替代的前景分析，涉及能源发展、能源政策、用能分析以及大数据分析法。

本书内容丰富、逻辑清晰，侧重于理论与实际相结合的方式，对从事大数据技术，尤其是电力大数据处理技术的研究人员，具有很高的参考价值。

图书在版编目（CIP）数据

综合能源服务大数据应用 / 国网宁夏电力有限公司信息通信公司组编 .—北京：中国电力出版社，2022.6

ISBN 978-7-5198-6782-9

Ⅰ.①综…　Ⅱ.①国…　Ⅲ.①数据处理－应用－能源管理－研究　Ⅳ.① TK018

中国版本图书馆 CIP 数据核字（2022）第 085204 号

出版发行：中国电力出版社

地　　址：北京市东城区北京站西街 19 号（邮政编码 100005）

网　　址：http://www.cepp.sgcc.com.cn

责任编辑：陈　丽

责任校对：黄　蓓　朱丽芳

装帧设计：张俊霞

责任印制：石　雷

印　　刷：北京九天鸿程印刷有限责任公司

版　　次：2022 年 6 月第一版

印　　次：2022 年 6 月北京第一次印刷

开　　本：710 毫米 ×1000 毫米　16 开本

印　　张：5.25

字　　数：71 千字

定　　价：48.00 元

编　委　会

前言
PREFACE

当前，我国正处于能源转型的关键时期，随着互联网信息技术、可再生能源技术的发展及电力改革进程的加快，企业能源利用效率低、能源成本高等问题十分突出。因此，建设工厂智慧用能平台，整合多维能源数据，开展能源利用效率分析、电能替代远景分析等综合能源分析，有利于推进能源供给侧改革，提升能源相关产业的国际竞争力。基于整合的多维能源数据，建设工厂智慧用能平台，为开展用能数据接入、能源利用效率分析、监测能源体系提供了技术支撑，有利于推进能源供给侧改革，带动和提升能源相关产业的国际竞争力。

全书共分为 7 章，在介绍综合能源相关理论知识的基础上，分析国内外综合能源服务的现状及相关政策，将综合能源服务与大数据算法相结合，介绍了综合能源相关概念、综合能源结构、用户价值分析、指标评价体系构建、能源利用效率评估、电能替代方面内容。详细描述了综合能效评估模型的构建过程，深入分析能耗指标数据，找出能耗较高的指标，总结企业高耗能低能效的原因，定位企业能效薄弱环节，并制定相关措施，协助企业提高能源利用率、节约用电量、降低用能成本。此外，还详细分析了电气化住宅小区电能替代经济性、新建住宅小区电能替代经济性，研究电能替代分析模型的特征指标，分析电能替代潜力用户的需求特征，加快促进电能替代发展。

本书依据国网宁夏电力有限公司相关业务部门人员、国网宁夏电力有限公司信息通信公司系统开发技术人员等的研究成果编写完成，多位同事为本书的编写付出了辛勤的工作，在此对他们表示真挚的感谢。

本书综合应用了众多最新的大数据算法解决综合能源用户能源利用效率低的实际问题，并给出了详细的实现步骤和实验结果，可为从事电力、信息技术、能源领域研究人员、大专院校在校学生和教师以及各行业从事云计算、大数据研究的科研人员提供参考。

目 录
CONTENTS

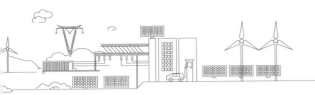

1 综合能源服务的概念

能源是社会和经济发展的动力和基础。2020 年 9 月，我国提出"双碳"目标：力争 2030 年前达到峰值，努力争取 2060 年前实现碳中和。碳中和、碳达峰两个概念中的"碳"，指二氧化碳，特别是人类生产生活产生的二氧化碳。世界资源研究所指出，碳达峰是指二氧化碳排放量达到历史最高值后，先进入平台期，在一定范围内波动，然后进入平稳下降阶段。碳排放达峰是二氧化碳排放量由增转降的历史拐点，达峰目标包括达峰时间和峰值，碳中和则是指企业、团体或个人在一定时间内直接或间接产生的二氧化碳排放总量，通过二氧化碳去除手段，如植树造林、节能减排、产业调整等，抵消这部分碳排放，达到"净零排放"的目的。充分利用互联网和现代能源技术，大力开发环境友好、经济可行的可再生能源，建设具有一定市场化程度的能源及其排放交易机制，加快推进清洁能源利用，提高能源梯级、高效和节约利用水平，加强企业能源管理体系建设，满足社会经济发展对能源日益增长的需求，实现十九大提出的"推进能源生产和消费革命，构建清洁低碳、安全高效的能源体系"新时代能源发展目标，是能源开发与生产、输送和供应、存储、转换和利用等单位和企业的新使命。

近年来，综合能源服务在全球迅速发展，引发了能源系统的深刻变革，成为各国及各企业新的战略竞争和合作焦点。国内企业也纷纷掀起了向综合能源服务转型的热潮。但目前我国综合能源服务局限于集成的供电/供气/供暖/供冷/供氢/电气化交通等综合能源供应系统尚存在巨大的发展空间。

1.1 综合能源服务提出的背景

在能源变革新时代发展背景下，能源企业从生产型向服务型转型发展已经成为全球性趋势。我国各类能源企业探索开展综合能源服务业务、向能源行业全产业链服务延伸发展起步相对较晚，但目前已呈现出强劲的业务转型发展态势。全社会综合能源服务是以支持建设现代能源经济体系、推动能源经济高质量发展为愿景，以满足全社会日趋多样化的能源服务需求为导向，提供多能源品种、多环节、多客户类型、多种内容、多种形式的能源服务。综合能源服务公司的业务活动，具有综合性、服务性等特点。

我国在能源战略、规划、财政、价格、税收、投融资、标准等方面已经出台和实施了很多综合能源服务发展相关支持政策，能源领域的体制机制改革也在加快推进中，这为综合能源服务的发展创造了良好的政策环境。在政策、资本、市场的共同作用下，我国能源技术创新进入高度活跃期，新的能源科技成果不断涌现；以"大云物移智链"为代表的先进信息技术正以前所未有的速度加快迭代，并加速与能源技术的融合；综合能源服务有望得到有力的技术支撑。综合考虑政策环境、技术支撑等因素，我国综合能源服务市场需求巨大，发展前景广阔，发展趋势向好。

1.2 综合能源服务的基本定义

综合能源服务最本质的特点就是以电力系统为核心，改变以往供电、供气、供冷、供热等各种能源供应系统单独规划、单独设计与独立运行的既有模式，利用现代物理信息技术、智能技术以及提升管理模式，在规划、设计、建设与运行过程中，对各类能源的分配、转化、存储、消费等环节进行有机协调与优化，充分利用可再生能源的新型区域能源供应系统。

综合能源服务未来将朝着能源供应多元化、服务多元化、用能方式多元化及智能化趋势发展。受电力体制改革与互联网产业蓬勃发展的影响，综合能源服务迎来了快速发展的时代机遇期，近年来受到了广泛的关注与讨论。

综合能源服务的定义为：综合能源服务是围绕国家和政府的能源方针和政策，以实现"清洁、科学、高效、节约、经济用能"为宗旨，通过综合能源系统，为用户供应综合能源产品和/或提供能源应用相关的综合服务。

上述定义中的清洁用能包含可再生能源的开发、清洁能源的利用、传统化石能源的清洁化利用；科学用能指能源的梯级利用、能源的科学管理；高效用能指通过先进的技术、管理方法和手段，提高能源开发、转换、使用效率；节约用能指能源使用过程中减少不必要的能源浪费，使能源应用于必要的场合和时间；经济用能指政府可以通过经济手段或市场化的手段促进企业清洁用能、科学用能、高效用能和节约用能，企业通过采用先进的技术和管理，减少用能成本，获得经济效益。

综合能源系统是具有各类能源存储、相互转换并为用户提供所需种类能源的能源系统及其相关的信息通信等基础设施。典型的综合能源系统一般可由分布式能源、供电、供气、供暖、供冷、储能及其能源控制和管理信息系统等组成。

客户主要指政府、企业、公共事业单位（部门）、科研院所等，包括能源开发和生产、能源输送及供应与销售、能源使用单位等（如工业、商业企业等）。能源领域不同的对象，对能源关心的角度不同，例如：可再生能源发展初期，开发商比较关注国家可再生能源鼓励政策；电网公司比较关注大规模和分布式可再生能源发电对电网安全可靠运行的新要求；政府比较关注能源的宏观管理，关心能源消费总量和消耗强度的控制；用能企业比较关注能源在产品中的成本。因此，综合能源服务应细分客户，针对不同的对象、行业等制定不同的服务策略、内容。

综合服务涵盖能源管理、技术、经济、市场等方面，方式包含咨询、委托运维、合同能源管理、项目总承包等。

1.3 综合能源服务的意义

随着我国经济社会持续发展，能源生产和消费模式正在发生重大转变，能源产业肩负着提高能源效率、保障能源安全、促进新能源消纳和推动环境保护等新使命。构建综合能源服务系统的需求十分迫切，其重要意义有：有助于打破能源子系统间的壁垒，有助于解决我国能源发展面临的挑战和难题，有助于推动我国能源战略转型。

（1）有助于打破能源子系统间的壁垒。目前我国传统能源系统在提高能源利用效率和能源互补方面存在一些障碍。通过电、气、冷、热等多种不同形式能源的供应形式在生产和消费环节合理协调、规划，最终实现能源阶梯利用，提高各种能源的利用效率，促进能源系统之间的协调优化，实现多种能源的互补互济。

（2）有助于解决我国能源发展面临的挑战和难题。由于国际能源格局的变化，我国能源安全面临着清洁能源电力消纳难题和能源技术创新瓶颈等问题，而综合能源服务系统作为一种新型的能源供应、转换和利用系统，对于规避能源供应风险、保障能源安全具有重要作用。

（3）有助于推动我国能源战略转型。当前，我国正处于能源转型关键时期。环境保护和能源安全将成为能源战略向多元化和清洁化方向转型的驱动力。构建综合能源服务系统有助于推动我国能源向低碳型、多元化、全方位国际合作转型。

综上所述，综合能源服务可针对工业园区、经济开发区及商务区等量身定制综合能源服务解决方案，为用户提供绿色、高效、低成本的冷、热、电多种能源供应和服务以及节能管理，赋予用户更多的选择权、降低用户用能成本、提升清洁能源消纳能力以及提高能源供应的可靠性，提高园区吸引力，打造绿色、低碳、节能、环保的城市名片，对提高能源利用效率、促进可再生能源开发利用、提高国家基础设施利用率和能源供应安全都具有十分重要的意义。

1.4 综合能源服务范畴

综合能源服务涉及的用户包含：城市商业综合体；工商企业及园区；政府、医院、学校和小区物业等。其覆盖的主要能源领域有水、电、气、热等。

从涉及的主要物理对象角度看，主要覆盖了源、网、荷、储等环节，具体包含有风、光、气、油、煤等多种形式的一次资源及由其转化得到的二次电力能源；在用户"围墙"边界内的供能管网，例如园区中压配网、户用供网、小型微网及充电网络；能源负荷则包含需要消耗电、热、气、油等能源的终端用能设备设施。

从数据信息层面来说，涉及本地与云端两个部分。本地即为运营技术（operating technology，OT）部分，主要是数据采集与监视控制系统（Supervisory Control And Data Acquisition，SCADA)和自动化；云端包含支撑本地数据向云端（可能是公有云，也可能是私有云）采集处理、传输通信、存储管理、分析加工、展示应用的相关云、大、物、移互联网信息与通信技术（information and communications technology，ICT）技术。

从专业服务角度，涉及的主要有金融投资、建设改造、能源管理、物资采购以及增值服务需求等几个类别。

上述为用户需求侧综合能源服务涉及的领域、技术与专业范围。

目前，国内综合能源服务尚处于起步阶段。综合能源服务这一新业态的出现，打破了不同能源品种单独规划、单独设计、单独运行的传统模式，提出综合能源一体化解决方案，实现横向"电热冷气水"能源多品种之间，纵向"源-网-荷-储-用"能源多供应环节之间的生产协同、管廊协同、需求协同以及生产与消费间的互动，具有综合性、就近性、互动性、市场化、智能化、低碳化等特征。为适应形势变化，将催生出各种新的消费模式与商业模式，综合能源服务既有利于中小企业创新创业，也有利于推动传统能源企业转型，可以采用混合所有制、政府和社会资本合作（public-private partnership，PPP）等各种灵活模式，推动信息产业与能源产业融合、轻资产与重资产融合、金融产业与实体经济融合。

新时代下的能源综合服务具有传统能源生产消费的技术与运营属性，融合了新的商业模式与业态，将更具有战略与商业属性。按照综合能源服务的主要市场参与主体，大致归纳为能源公司、售电公司、服务公司与技术公司四类。

1.4.1 能源公司

配售电改革给部分传统能源企业提供了转型与延长产业链的机遇，为部分新能源企业提供了资源整合与升级的契机，推动公司由单一能源供应商向综合能源服务商转变，打造新的利润增长点，提升公司市场竞争力。与传统能源公司相比，新型的能源服务公司直接面向用户或增量能源市场（新开发的区域里建立新的能源基础设施），业务往往包含多种能源。

1.4.2 售电公司

目前成立的售电公司有上万家，公示的有 3000 家左右。在政策的驱动下，售电公司的市场主体呈现出了多元化特点。按照中发〔2015〕9 号《关于进一步深化电力体制改革的若干意见》，鼓励进入售电公司领域的主体主要包含：现有供电公司、大型发电企业、节能服务公司、工程建设公司、大型工业园区以及有条件的社会资本。除了上述参与者，目前参与到售电领域地企业还包括了民营电气设备企业、分布式能源企业等。

1.4.3 技术公司

这类公司主要将信息技术与能源相融合，包括传统能源技术公司以及以大数据、云计算、物联网、区块链技术、人工智能等新业态为主的技术公司，适合开拓一些新型增值服务，如国网综合能源服务电子商务平台，打造智慧园区，把园区的安全监控、环境保护、应急管理、能源供应以及融资服务、数据资讯等与移动互联网、云计算、大数据、物联网相结合，建设电子商务综合服务平台，培育能源与互联网融合发展新模式。阿里云综合能源服务云方案的业务模式通过大数据云计算，制定综合能源服务地解决方案。远景能源通过智能控制技术、先进的通信与信息技术建设能源互联网，已经形成了格林威治云平台、智慧风场 Wind OS 平台、阿波罗光伏云平台，成为智慧能源资产管理服务公司。

1.4.4 服务公司

这类公司主要是轻资产企业，规模相对较小，包括各类设计院、工程总承包（engineering procurement construction，EPC）单位、工程服务企业、节能服务公司、需求响应服务、分布式能源方案设计单位、智慧能源解决方案服务商等。根据用户需求可提供各种增值服务，如提供蓄热受托、能效管理、用能诊断、设备维护、整体供电方案等多元化服务，以及搭建多种生活产品交易平台，实现电力、自来水、燃气、热力的批发与零售，提供从电力、天然气到可再生能源供应等一系列综合解决方案。

基于以上分析，最有可能成为综合能源服务商主力军的是能源公司与售电公司，大多数能源公司主要以大型国企背景的公司为主，一些有实力的民营企业不容小觑。售电公司以售电为切入点，进行业务拓展。

1.5 助力"两碳"目标实现

能源服务业的产生可追溯到 20 世纪 70 年代中期世界能源危机的爆发，在此背景下能源服务公司在美国等发达国家应运而生，逐渐形成了能源服务业这一新兴产业，即以能源服务公司为主体，向客户提供与能源效率相关的服务及其他增值服务，并以合同能源管理作为其能源服务业务核心部分的行业。

国外经验表明，能源服务业对于推动节能减排有显著作用。中国是世界第二大能源消费国，但能源供应紧张，能源利用效率偏低，企业的主动性节能投资需求不足，节能形势严峻。同时，中国能源服务业尚处于起步阶段，对于节能减排工作的贡献尚待大幅度提升。美国等发达国家能源服务业起步早，能源服务市场趋于成熟，在能源服务、节能机制和运作模式等方面积累了丰富经验，其中许多方面值得中国借鉴。

从 2009 年中国在联合国气候变化峰会上提出碳排放下降目标，再到 2021 年全国两会上"碳达峰、碳中和"首次被写入政府工作报告，表明了中国为应对全球气候变化做出的郑重承诺。2020 年 9 月我国提出"碳达峰、碳中和"目标，力争 2030 年前达到峰值，努力争取 2060 年前实现碳中和。

世界资源研究所指出，碳达峰是指二氧化碳排放量达到历史最高值后，先进入平台期在一定范围内波动，然后进入平稳下降阶段。碳排放达峰是二氧化碳排放量由增转降的历史拐点，达峰目标包括达峰时间和峰值，碳中和则是指企业、团体或个人在一定时间内直接或间接产生的二氧化碳排放总量，通过二氧化碳去除手段，如植树造林、节能减排、产业调整等，抵消这部分碳排放，达到"净零排放"的目的。充分利用互联网和现代能源技术，大力开发环境友好、经济可行的可再生能源，建设具有一定市场化程度的能源及其排放交易机制，加快推进清洁能源利用，提高能源梯级、高效和节约利用水平，加强企业能源管理体系建设，满足社会经济发展对能源日益增长的需求，实现十九大提出的"推进能源生产和消费革命，构建清洁低碳、安全高效的能源体系"新时代能源发展目标，是能源开发与生产、输送和供应、存储、转换和利用等单位和企业的新使命。国网浙江省电力有限公司在系统内率先提出综合能源服务的概念，并积极推进服务的转型。

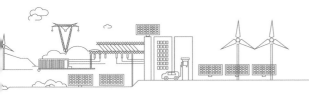

2 中国能源现状及相关政策

目前我国常规能源有煤、石油、天然气以及水能，新能源有太阳能、地热能、风能、海洋能、生物质能和化学能等。

能源结构指能源总生产量或总消费量中各类一次能源、二次能源的构成及其比例关系。能源结构是能源系统工程研究的重要内容，它直接影响国民经济各部门的最终用能方式，并反映人民的生活水平。

2.1 中国能源现状

改革开放以来，中国的能源事业取得了长足发展，能源消费量随之不断攀升，2010 年中国成为世界上最大的能源消费国。"十二五"期间，我国政府出台了一系列节能减排和保护环境的政策，能源消费量得到有效控制并持续下降。目前我国的一次能源结构以煤炭为主，虽然近年来风电、光伏等可再生能源快速发展，对天然气的利用也有所增加，但煤炭消费在能源结构中比重依然最高。现阶段，中国已成为世界上最大的能源生产国，形成了煤炭、电力、石油、天然气以及新能源、可再生能源全面发展的能源供应体系，能源服务水平大幅提升，居民生活用能条件极大改善。能源的发展为消除贫困、改善民生、保持经济长期平稳较快发展提供了有力保障。

中国能源发展面临着诸多挑战：①能源资源禀赋不高，煤炭、石油、天然气人均拥有量较低；②能源消费总量近年来增长过快，保障能源供应压力增大；③化石能源大规模开发利用，对生态环境造成一定程度的影响。

为减少对能源资源的过度消耗，实现经济、社会、生态全面协调可持续发展，中国不断加大节能减排力度，努力提高能源利用效率，单位国内生产总值能源消耗逐年下降；并将切实转变发展方式，着力建设资源节约型、环境友好型社会，依靠能源科技创新和体制创新，全面提升能源效率，大力发展新能源和可再生能源，推动化石能源的清洁高效开发利用，努力构建安全、稳定、经济、清洁的现代能源产业体系。

2.2 中国能源相关政策

中国能源政策的基本内容是：坚持"节约优先、立足国内、多元发展、保护环境、科技创新、深化改革、国际合作、改善民生"的能源发展方针，推进能源生产和利用方式变革，构建安全、稳定、经济、清洁的现代能源产业体系，努力以能源的可持续发展支撑经济社会的可持续发展。

（1）节约优先。实施能源消费总量和强度双控制，努力构建节能型生产消费体系，促进经济发展方式和生活消费模式转变，加快构建节能型国家和节约型社会。

（2）立足国内。立足国内资源优势和发展基础，着力增强能源供给保障能力，完善能源储备应急体系，合理控制对外依存度，提高能源安全保障水平。

（3）多元发展。着力提高清洁低碳化石能源和非化石能源比重，大力推进煤炭高效清洁利用，积极实施能源科学替代，加快优化能源生产和消费结构。

（4）保护环境。树立绿色、低碳发展理念，统筹能源资源开发利用与生态环境保护，在保护中开发，在开发中保护，积极培育符合生态文明要求的能源发展模式。

（5）科技创新。加强基础科学研究和前沿技术研究，增强能源科技创新能力。依托重点能源工程，推动重大核心技术和关键装备自主创新，加快创新型人才队伍建设。

（6）深化改革。充分发挥市场机制作用，统筹兼顾，标本兼治，加快推进重点领域和关键环节改革，构建有利于促进能源可持续发展的体制机制。

（7）国际合作。统筹国内国际两个大局，大力拓展能源国际合作范围、渠道和方式，提升能源"走出去"和"引进来"水平，推动建立国际能源新秩序，努力实现合作共赢。

（8）改善民生。统筹城乡和区域能源发展，加强能源基础设施和基本公共服务能力建设，尽快消除能源贫困，努力提高人民群众用能水平。

立足以上原则，目前我国的政策是：要坚持问题导向，对破坏生态环境行为"零容忍"，加快改善生态环境质量，不断满足人民群众日益增长的优美环境需要，实现减污降碳协同效应，努力争取 2060 年前实现"碳中和"。

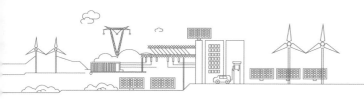

3　工厂智慧用能平台建设过程

工厂智慧用能平台是以供用协同、多能协同为核心思想，以物联管理平台为基础，采用微应用模式，搭建工厂智慧用能综合服务体系，为企业提供综合能源服务，通过"智能电网＋能源监测＋物联平台"的"工厂智慧用能综合服务体系"规划，应用于大型能源企业。本章以宁夏工厂智慧用能平台为例，详细说明该平台的系统搭建、数据接入、系统实际应用。

3.1　智慧用能平台的建设背景

互联网极大地改变了人们的生活和工作，"互联网＋"概念的提出，更是促进了社会的创新和发展。在我国，传统能源依旧占据能源使用的主流，传统化石能源推动经济的同时，给环境带来了不可逆的破坏。"互联网＋"理念下，智慧用能和综合能源服务平台的建设，改变了传统的能源供给方式，加大了对新能源的利用，并且节约了传统能源，减少环境污染。

智慧能源是指通过多点信息监控和大数据平台，对接入系统的设备进行智能监控、智能调度、能效统计分析、节能管理等，为客户创造良好的经济效益和社会效益。

智慧能源的载体是能源。无论是开发利用技术，还是生产消费制度，研究的对象与载体始终都是能源，探索的目的也是寻觅更加安全、充足、清洁的能源，使人类生活更加幸福快乐、商品服务更加物美价廉、活动范围更加宽广深远、生态环境更加宜居美好。

智慧能源的保障是制度。智慧能源将带来新的能源格局，必然要求有与之相适应的能够鼓励科技创新、优化产业组织、倡导节约能源、促进国际合作的先进制度提供保障，确保智慧能源体系的稳定运行和快速发展。

智慧能源的动力是科技。智慧能源的发展，需要科技来推动。核能、太阳风能、生物质能、泛能网等我们正在利用、起步探索或仍未发明的能源开发利用技术，必将会为智慧能源的发展提供巨大的动力。

智慧能源的精髓是智慧。智慧能源的智慧，不仅融汇于能源开发利用技术创新中，还体现在能源生产消费制度变革上。

3.2　智慧用能平台总体设计思路

智慧用能平台包括智慧能源综合服务云端系统、智慧能源综合管理系统以及用电用能采集和控制器终端系统；其中，用电用能采集和控制器终端系统用于采集大用户各工序及其关键设备的用电用能的数据，并基于所述采集的数据进行能效计算，将所述采集的数据和计算结果通过网络发送到所述智慧能源综合管理系统；智慧能源综合管理系统用于对用户进行能源管理，实现能源统计以及能源成本计算的功能，并对统计结果以及计算结果进行分析，将分析结果发送到智慧能源综合服务云端系统；智慧能源综合服务云端系统用于对用户进行综合能源服务，使得系统管理人员随时登录云端系统并查看所述分析结果。

智慧用能平台总体架构（见图 3-1）整体遵从国家电网有限公司系统总体架构：上层为面向多类型大用户的华为云的技术中台，可依据用户类型以及实时量测的用电用能信息，提供需求侧响应参考策略、电力市场报价建议策略等云端服务；中层为针对企业级大用户的智慧能源综合管理系统，将实时采集与分析企业的用电用能信息，并可访问云端综合服务，依据参考决策完成对企业设备的用电用能控制；下层为企业内设备的用电用能采集和控制器终端系统，从而实现可灵活配置、自定义扩展的功能目标。

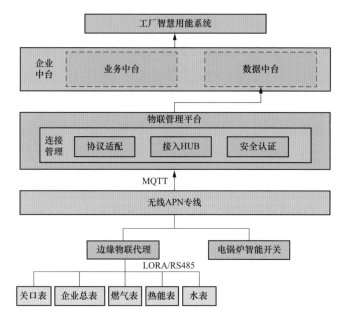

图 3-1　工厂智慧用能平台总体架构

3.2.1　平台整体架构介绍

3.2.1.1　边缘物联代理

主要包括各类电表、电锅炉远程智能开关、燃气、水等的感知终端，通过 RS485、LORA 接口接入对应的边缘物联代理设备。终端设备类型结构（示例）如表 3-1 所示。

表 3-1　　　　　　　　　　终端设备类型结构（示例）

感知终端名称	上传感知量	控制命令	类别	边缘物联代理	企业数量
关口表	电能				
企业总表	电能				
燃气表	燃气量		用能设备	6	30
热能表	热能值				
水表	水量				
电锅炉智能开关	开关状态	是	开关设备	无	2

3.2.1.2 物联管理平台

物联管理平台定位于工业场景，平台在支持亿级连接、百万并发的同时，提供高安全、高可靠的稳定运行能力。物联管理平台在总体架构中起到了承上启下的作用：对下统筹输变电、配电网、客户侧和供应链等领域泛在物联和深度感知需求，实现各专业、各类型边缘物联代理、采集终端等设备的物联管理和标准化接入，对上为企业中台、业务系统提供标准化服务接口，形成跨专业数据共享共用生态体系，充分发挥数据资产价值。

3.2.1.3 智慧用能系统

智慧用能系统由手机 App 及平台管理软件组成，以"供用协同、多能协同"为核心思想，以物联管理平台为基础，采用微应用模式搭建智慧用能综合服务体系，通过物联管理平台北向接口及南向 topic 实现开关的远程控制主要功能包括开展能耗监测、能效分析、能耗预警、用电策略推荐等应用功能，后期应用系统纳入综合智慧能源服务平台。

3.2.2 平台功能介绍

3.2.2.1 基础管理

（1）区域管理。基于 GIS 的区域概览，直观、便捷地掌握各园区的能源使用和运维告警实时情况（包括客户数量、配电房数量、变压器容量、监测点数量）以及每个用能企业的实时负荷、告警状况、设备健康状态等信息。

（2）表计管理。实现监测表计的创建和管理，监测表计需要与物联管理平台设备信息进行关联，并设定监测指标与设备物模型的对应关系。可设置监测表计的能源介质类型，可控制表计的启用状态。

（3）量费特性。实现能源价格的录入和管理。支持分季节、分时段价格配置；支持多种定价方式，如用量、使用时长等；按照市电电费结构提供电费分析，并根据电费分析结果自动测算电费优化空间及优化方向，指导用户优化用电成本。

（4）能源介质管理。实现能源介质的录入和管理。

（5）产品管理。实现产品的录入和管理，支持将产品关联到车间、生产线，并针对各生产单元手工录入产量。

3.2.2.2 实时监测

对用户的能耗、设备及环境进行在线监测，帮助用户更加全面掌握自身用能全貌及当前用能实际情况。能效在线监测也是其他诸多数字化应用服务和实际运营管理活动的物质基础。

3.2.2.3 能效评价管理

系统支持评价目标的设定，从时间周期、能源类型、单位产品综合能耗等多维度定义考核指标。

基于用户定义的评价指标，系统定期执行离线数据统计作业报表，计算生成各类偏差考核统计结果。支持对偏差考核结果进行报表展示、排名分析、对比分析、同比分析及趋势分析。

用户可查看各层级用能量比例、时间变化趋势、峰谷平结构等，对全部回路用能情况监控功能，全面且深入掌握用能情况。

3.2.2.4 能效分析

完成能效分析功能模块的开发，支持工厂用能情况的多维度历史趋势分析展示；支持对工厂主要设备进行系统能效及同类设备之间的比较分析；支持对单位产品能耗的分析展示。具体功能如下：

（1）生产能耗分析。显示所选择车间/产线的产量和主要能耗数据，按不同类型进行展示区分（如按可标准化换算、按间接/直接），显示电、气、热等能源的产量、能耗数据的历史趋势。

（2）能效优化分析。建立能效预警模型，对历史数据进行挖掘，找出能耗运行规律，通过能效评估和预测分析，建立节能优化建议方案。

（3）设备能耗分析。显示工厂内主要设备（锅炉、空压机、制冷剂）的数据信息（包含能源输入/输出、效率等），实现系统能效及同类设备之间的比较分析，分析设备节能效果，能效下降时，及时提醒对设备的维护保养。

（4）节能服务业务申请。对节能服务有业务需求，可以在页面补充完善本企业基础信息、采集设备信息、历史能耗信息、节能期望值等内容后点击"申请"按钮，提交节能服务业务申请至综合能源服务公司。

3.2.2.5　信息发布

通过信息发布功能，政府能源安监部门可以随时了解管理范围内的用电安全报警、定位及处理情况，便于加强安全防范管理。用户也可以通过安全告警功能，进行告警工单派发等处理工作，并查看处理过程与效果。

（1）远程负控控制。

（2）负荷分类。用户在平台界面手动录入可中断负荷及其容量、可中断时间；不可中断负荷及其容量。

（3）有序用电策略下发。平台根据新能源发电情况，提前一天向用户下达未来 24h 用电指导曲线或者提前 15min 向用户下达降负荷策略。

（4）跟踪反馈。在下达有序用电策略后的 15min 后，平台采集跟踪用户是否按照降负荷策略运行。

（5）负荷控制。如监测到用户未按照 24h 用电指导曲线或降负荷策略运行，平台则根据容量要求远程关断用户可中断负荷。

3.2.2.6　展示界面

采用 Web 端与 App 多端应用模式，以适应不同的用户的应用及展示需求。

3.3　平台数据支撑情况

智慧用能平台整体遵从国家电网公司系统总体架构，基于华为云技术构建整个上层应用，终端设备通过物联平台接入，业务数据、量测数据进入数据中台，业务应用采用微服务微应用架构设计开发。将各企业能耗设备的分级计量装置通过智能融合终端汇聚后统一上送物联管理平台，感知数据经 kafka 推送至外网数据中心，为保证处理时效，实时性处理的数据经 MQS 接口推送给业务应用。数据接入的技术路线如图 3-2 所示。

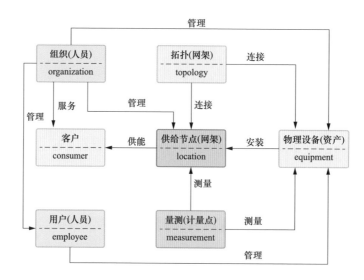

工厂智慧用能系统

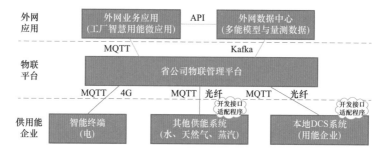

图 3-2 数据接入的技术路线

智慧用能系统是综合能源服务生态圈的重要物质基础，是综合能源服务生态圈的核心所在。

智慧用能数据着眼客户侧能源数据，通过统一的物联网平台接入客户侧智慧物联设备，打通能源"最后一公里"，构建一个涵盖应用场景、用能设备、采集终端、边缘计算、平台及应用的完整全面解决方案。以工业企业、园区企业为基础，通过电能表、水表、气表、温湿表、流量计、视频、烟感等采集终端对分布式发电、储能、照明、水泵、供热、供冷等能源设备进行数据采集,通过多能融合终端进行规约转换、数据清洗和故障研判,再在平台层进行大数据整合与分析研判,最终在应用层实现能效管理、空调照明远程监控、配电房智能运维、用电节费优化、电能质量监测分析、新能源接入等标准应用和工序能耗、工艺能耗分析等定制应用,以不断变化的需求驱动应用发展创新,应用则可更优质高效创造价值。

从顶层设计出发,由电力、热力、天然气供应商与互联网运营商合作组成综合能源服务解决方案供应商或成立商业联盟,推动数据增值服务,让数据促进行业融合。电力大数据可以广泛应用于冷、热、气等不同工商行业;利用电力数据的特点,冷、热、气等行业可以进行生产活动的调节优化,制定个性化的生产流程、用户服务流程,促进与电力行业的合作,实现更好的社会服务和更高企业盈利。

3.4 智慧用能平台的实际应用价值

3.4.1 系统的应用意义

智慧用能综合服务体系建设是在一系列科学管理实践的基础上,深度融合自动化技术、信息通信技术和智能科学技术,结合数据、信息和知识重建企业核心竞争力,以及构建完整的智能制造生态系统。智慧用能以创造全新的客户价值和最佳用户体验为宗旨,覆盖了广泛的协作网络和知识集合。

3.4.2 系统应用的商业模式

智慧用能平台商业模式研究的更多是价值结构的内部框架和流程,如何从商业模式中创造出价值,是商业模式研究的焦点。通过网络平台缩短或重建传递价值是互联网时代商业模式的重要特征,企业应当利用互联网思维来整合现有资源，进而影响其他实体联合进行信息资源整合以完成商业模式的创新。商业模式的关键因素主要包括：目标市场/客户、关键业务、客户价值、重要伙伴、营销渠道、成本和收入。智慧用能平台商业运营模式如图 3-3 所示。

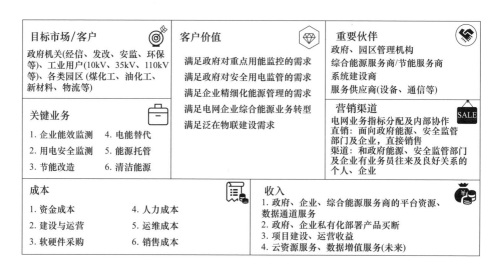

图 3-3　智慧用能平台商业运营模式

3.4.3　典型业务应用

3.4.3.1　用户综合能效管理方案

智慧用能系统通过采集用户能耗数据，对用户行为画像，依托非介入式负荷终端可实现功率信息的反向解耦，深入挖掘用户用能结构，为用户提供差异化用能策略，实现节能降费。一般考虑从技术节能、结构节能、管理节能三方面来开展工作。技术节能是指通过改进或更换设备、优化系统运行方案来降低设备能耗，从技术角度来提高用户能效，如将高耗能的白炽灯更换为较为节能的 LED 照明灯。结构节能是通过优化能源结构，调整用能策略等方式来实现节能降耗，如通过调整工艺流程，避免频繁的机组启停造成的高能耗。此外，可建议用户将部分峰时段用电转移至谷段。

管理节能是通过强化员工节能意识，培养员工节能降耗习惯来降低能耗，如要求下班关闭空调、电脑等设备，避免电器长时间待机，鼓励员工调整空调的舒适度范围至 18~26℃。

3.4.3.2 运维托管

运维托管是向用户提供定制化的用能设备运维服务，实现用户"省心式"运维托管。在对用户用能信息全面监测的基础上，对于特别重要的客户，如政府、医院、重要大工业用户等，根据其用能特性、设备运行情况，分等级、分类别提供定制化运维服务。传统企业一般配置 1~2 名员工负责日常电气设备的维护，对于燃气管道，则采用周期性检修方式来排查隐患。对于新兴企业，可选择将此类业务委托给综合能源服务平台，一方面有利于降低企业的雇佣成本，另一方面可为设备提供精准完善的运维服务。智慧用能系统通过全面感知设备运行数据、状态信息，评估设备剩余寿命，分析设备潜在缺陷并提前消缺，可实现设备的精益运维和全寿命周期管理。

3.4.3.3 数据增值业务

数据增值业务可考虑从设备、用户、行业三个维度来展开。传统模式下，设备制造商更关注设备生产、供应、销售等链条，对设备使用过程关注较少，导致售后服务质量欠佳，产品竞争力难以提升。这主要是由于设备制造商缺乏产品使用过程数据，包括用能数据、使用年限、维修记录等，无法精确模拟设备实际运行过程。而综合能源服务平台可向设备制造商提供设备运行数据及能效分析报告，有助于设备制造商加强研究，完善"设备研发—售后—升级"的闭环管理，推动设备技术革新和产业升级。能耗成本已成为仅次于人工成本的第二大成本，对于大工业用户而言，节能降耗是主要用能诉求。综合能源服务平台依托于海量用能数据，可为用户提供差异化的用能策略和能源套餐，实现质效提升。此外，开展行业能耗分析、能效对标，有利于开展节能改造，学习先进经验。不同行业间的能效评级反映了行业自身特点和发展规律，可为政府机构制定行业政策提供决策参考。

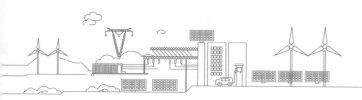

4 综合能源用户的价值分析

综合能源用户价值分析是实现综合能源服务的核心目标之一，本章内容包括能源数据准备及清洗、能源用户行业价值分析、能源用户所在客户群体价值分析三方面。

能源是人类社会发展的基础，不可再生能源的不断减少与各种能源单独发展的局面已经不符合当前的发展需求，人们需要对能源进行综合管理．在新的电力改革下，各地电力企业开始谋求新的发展点，依托自身的各项优势，积极开展综合能源服务，下文以宁夏为例，介绍其资源禀赋和负荷情况，分析其综合能源发展路径。

4.1　数据准备及预处理

数据准备是进行数据分析的前提条件，数据准备包括数据收集、数据预处理、数据格式转换等步骤。

4.1.1　数据准备

采集 2018～2020 年用电数据，共 17000 余条数据，用 K-means 算法将客户聚类，并将数据分析结果可视化，便于结论分析。考虑到很多客户停产现象严重，用电量不大，有的甚至接近于 0，表现不出客户用电特性，故以年数据作聚类分析，得到 DRFMQP（D：年用电量，kWh；R：年欠费次数，次；F：年缴费次数，次；M：年缴费金额，元；Q：年欠费金额，元；P：月用电量幅度）客户价值分析模型。

4.1.2 数据预处理

4.1.2.1 数据探索

经过初步的数据探索，发现 16887 条数据记录中的部分维度存在缺失值、异常值。

4.1.2.2 数据清洗

此处主要清洗两类异常数据：

（1）缺失值：用电量、缴费金额为空的数据（注意不是用电量、缴费金额为零）。

（2）异常值：同一用户某几个月用电量为 0，但缴费金额不为 0 的数据（缴费金额不为 0，表明仍有用电，如果此时用电量为 0，说明是错误数据）。

4.1.2.3 数据格式转换

原始数据集如表 4-1 所示，可看出每个指标的数据取值范围分布较广，为提高后续聚类分析的准确性，还需要将 D、Q、M、F、R、B❶、Z❷ 七类数据进行标准化处理。

表 4-1   2018～2020 年用电数据原始表

用户编号	D	M	Q	F	R	B	Z
000001	279473040	115501768	194	12	1	1	85
000002	68855520	32445239	66396	11	1	0	36
000003	2960950	1378450	66396	13	1	0	115
000004	842743204	335429954	292	63	1	4	93
000005	87080000	36208626	2534	20	1	0	85
000006	1116192	474384	0	12	1	0	62
000007	580673	294431	194	24	1	0	64

---

❶ B 为购电比率。

❷ Z 为年用电增长率。

续表

用户编号	D	M	Q	F	R	B	Z
000008	226366	146570	292	13	1	0	37
000009	0	0	26345	12	1	0	0
000010	4941024	1922977	1107	11	2	0	0
000011	962952	364249	38	14	1	0	12
000012	333943	136840	0	12	1	0	66
000013	45210	21344	194	12	1	0	134
000014	82046580	34260892	230544	5	2	0	55
000015	31906160	12898863	0	8	1	0	235
000016	80400590	31919315	1881	61	1	0	73
000017	27184922	12353345	194	35	1	0	63
000018	16772350	5372044	189157	12	1	0	86
000019	185351880	73677557	48998	6	2	1	62

数据标准化处理方法有极大极小标准化、标准差标准化等方法，此处采用标准差标准化的方法对数据进行处理，得到包含 ZD、ZM、ZQ、ZF、ZR、ZB、ZZ 七项指标的数据集，结果如表 4-2 所示。

表 4-2 数据标准化处理结果

用户编号	ZD	ZM	ZQ	ZF	ZR	ZB	ZZ
000001	0.27244	0.92611	−0.12366	−0.15866	−0.14450	0.27244	−0.15943
000002	−0.05885	0.09567	−0.10355	−0.18652	−0.14450	−0.05885	−0.16953
000003	−0.16250	−0.21495	−0.10355	−0.13079	−0.14450	−0.16250	−0.15335
000004	1.15844	3.12508	−0.12363	1.26256	−0.14450	1.15844	−0.15783
000005	−0.03019	0.13330	−0.12295	0.06428	−0.14450	−0.03019	−0.15951
000006	−0.16540	−0.22399	−0.12372	−0.15866	−0.14450	−0.16540	−0.16417
000007	−0.16625	−0.22579	−0.12366	0.17575	−0.14450	−0.16625	−0.16385
000008	−0.16680	−0.22727	−0.12363	−0.13079	−0.14450	−0.16680	−0.16921
000009	−0.16716	−0.22874	−0.11572	−0.15866	−0.14450	−0.16716	−0.17680
000010	−0.15939	−0.20951	−0.12339	−0.18652	−0.90895	−0.15939	−0.17680
000011	−0.16565	−0.22509	−0.12371	−0.10292	−0.14450	−0.16565	−0.17445

用户编号	ZD	ZM	ZQ	ZF	ZR	ZB	ZZ
000012	−0.16663	−0.22737	−0.12372	−0.15866	−0.14450	−0.16663	−0.16337
000013	−0.16709	−0.22852	−0.12366	−0.15866	−0.14450	−0.16709	−0.14948
000014	−0.03810	0.11382	−0.05368	−0.35373	0.90895	−0.03810	−0.16550
000015	−0.11697	−0.09977	−0.12372	−0.27012	−0.14450	−0.11697	−0.12885
000016	−0.04069	0.09041	−0.12315	1.20683	−0.14450	−0.04069	−0.16189
000017	−0.12440	−0.10522	−0.12366	0.48229	−0.14450	−0.12440	−0.16404

4.2 用户行业价值分析

利用 K-means 算法对宁东大工业用户群体进行细分，细分后利用模型对客户价值进行分析，识别出高价值客户。客户价值分析模型构建主要分为两个部分：①利用 K-means 算法对客户进行聚类分析，得到细分的客户群；②对细分的客户群进行特征分析，得到客户价值分析模型。

4.2.1 聚类分析

采用 K-means 聚类算法对客户进行分群，由于宁东大工业用户被分为 49 个行业类别，相对比较离散，故先对 227 位客户聚类成 20 类并贴上群体标签，记为 1、2、3、4、5、…、20，便于淘汰无价值用户，筛选出价值用户，如表 4-3 所示。

表 4-3　　　　　　　　　　客户分群情况

序号	D	M	Q	F	R	B	Z	是否淘汰
1	11.74133	10.85343	13.23847	2.48871	3.01585	−0.17624	11.74133	
2	0.02221	0.24328	0.35742	−0.18652	3.01123	−0.14963	0.02221	
3	0.83401	2.23611	0.7491	4.30007	0.90895	−0.17528	0.83401	
4	1.15844	3.12508	−0.12363	1.26256	−0.1445	−0.15783	1.15844	

续表

序号	D	M	Q	F	R	B	Z	是否淘汰
5	0.04914	0.28346	0.00965	1.68057	0.90895	−0.16826	0.04914	
6	1.52534	2.58798	−0.12355	−0.35373	−0.1445	−0.15923	1.52534	淘汰
7	2.11275	5.33943	−0.10052	0.03641	−0.1445	−0.17235	2.11275	
8	−0.08335	−0.01843	0.12128	−0.07506	5.12274	−0.15895	−0.08335	淘汰
9	0.3213	1.02244	−0.12366	−0.15866	−0.1445	−0.17404	0.3213	
10	3.81633	2.16562	0.7527	−0.15866	1.9624	−0.15694	3.81633	
11	−0.16531	−0.22335	−0.12372	0.23148	−1.19795	4.64249	−0.16531	淘汰
12	−0.14391	−0.16705	−0.11246	−0.21439	1.9624	0.02773	−0.14391	淘汰
13	−0.16661	−0.22721	−0.12372	−0.24226	−1.19795	1.0835	−0.16661	淘汰
14	−0.16264	−0.21579	−0.12044	0.25935	−0.1445	1.83013	−0.16264	
15	−0.16448	−0.21972	−0.12349	0.06428	−0.1445	13.14912	−0.16448	
16	−0.16351	−0.21849	−0.12368	−0.27012	0.90895	0.8671	−0.16351	
17	7.41563	5.82625	6.64074	13.46831	0.90895	−0.17171	7.41563	淘汰
18	−0.16636	−0.22682	0.7491	−0.13079	0.90895	−0.15747	−0.16636	淘汰
19	0.12439	0.50793	−0.10883	−0.32586	0.90895	−0.16406	0.12439	淘汰
20	−0.16274	−0.21692	−0.08528	−0.43733	−0.1445	−0.17304	−0.16274	淘汰

注 表中黄色标记为某一类别下最大值，红色标记为某一类别下最小值。

淘汰标准为用电量较低且欠费金额较多，用电量较低且欠费频次较多，欠费金额较多且欠费频次较多、购电比率较小四类，根据综合情况进行淘汰。淘汰的用户多为风力发电、火力发电、太阳能发电等行业。

4.2.2 对价值用户进行聚类分析

经以上聚类淘汰无价值用户后，得到价值用户共 29 家企业，再利用 K-means 将价值客户细分为 4 类，结果如表 4-4 所示。将聚类结果进行可视化，便于结论分析，如图 4-1 和图 4-2 所示。

表 4-4 　　　　　　　　　　　　 价 值 用 户 聚 类 分 析

价值用户分类	聚集			
	1	2	3	4
ZD	0.6365	0.0393	3.9864	11.6661
ZM	1.4749	0.2245	5.8443	5.5421
ZQ	4.6770	−0.2146	−0.1938	7.0364
ZF	−0.2474	0.5238	1.1452	−0.2474
ZR	0.9404	−0.2329	−0.1309	2.0117
ZB	1.6673	−0.0064	2.3342	−1.9437
ZZ	0.0004	−0.4419	0.0098	−0.8853

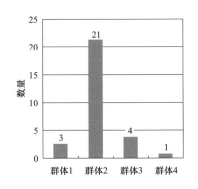

图 4-1　价值用户数量占比

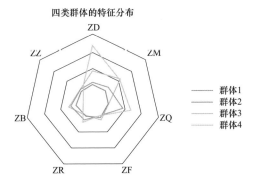

图 4-2　价值用户特征分布

分析以上客户群体特性可得：群体 1 的 F 属性最小；群体 2 的 R、Q 属性最小；群体 3 的 M、F、B、Z 属性最大；群体 4 的 D、Q、R、B、Z 属性最大。

依据实际业务对聚类结果进行分值离散转化，对应 1～5 分，其中 D、M、F、B、Z 属性值越大，分数越高：Q、R 属性值越高，分数越低。结果如表 4-5 所示。

同时，针对实际业务需要，根据得分情况，定义四个等级的客户类别：

（1）高价值用户：群体 3。年用电量（D）高，年缴费金额（M）高，年欠费金额（Q）低，年缴费次数（F）偏高，年欠费次数（R）低，购电比率（B）偏高、年用电增长率（Z）偏高。

表 4-5   客户群体五项指标分值

群体	群体 1	群体 2	群体 3	群体 4
年用电量（D）	2	1	3	4
年缴费金额（M）	2	1	4	3
年欠费金额（Q）	2	4	4	1
年缴费次数（F）	1	4	3	
年欠费次数（R）	3	4	4	1
购电比率（B）	3	2	4	1
年用电增长率（Z）	3	2	4	1
平均得分	2.3	2.5	3.7	1.7

（2）潜力用户：群体 1。年用电量（D）较高，年缴费金额（M）较高，年欠费金额（Q）较低，年欠费次数（R）较低，购电比率（B）略高、年用电增长率（Z）略高。

（3）一般用户：群体 2。年用电量（D）一般，年缴费金额（M）一般，年欠费金额（Q）低，年欠费次数（R）低。

（4）高风险用户：群体 4。年用电量（D）高，年欠费金额（Q）高，年欠费次数（R）高，购电比率（B）偏低、年用电增长率（Z）偏低。

4.3 客户群体价值分析

根据聚类结果，对应上述四类客户类型进行匹配，得到客户群体的价值排名，如表 4-6 所示。

其中，群体 3 价值排名第一、群体 2 价值排名第二，表明其用户所在行业具有很高的能源分析价值，在推广性综合能源相关政策时，可优先考虑此类用户；群体 4 价值排名最末位，为高风险类用户，具有较低的分析价值。群体 3 及群体 2 的代表企业相关信息如表 4-7 所示。

表 4-6　　　　　　　　　　客户群体价值排名

群体	价值排名	用户所属行业类别
群体 3	1	煤化工、烟煤和无烟煤的开采洗选、精炼石油产品制造
群体 1	2	烟煤和无烟煤的开采洗选、热力生产和供应、精炼石油产品制造
群体 2	3	烟煤和无烟煤的开采洗选（主要）、热力生产和供应、石油开采
群体 4	4	煤化工

表 4-7　　　　　　　　　　客户详细信息表

客户群体	用户名称	年用电量（亿 kWh）	年缴费金额（万元）	年欠费金额（元）	行业类别
群体 3	A 公司	10.8	28171	581	煤化工
	B 公司	12.2	21741	2376	煤化工
	C 公司	8.3	33543	292	烟煤和无烟煤的开采洗选
	D 公司	4.4	17296	103689	精炼石油产品制造
群体 1	E 公司	2.6	10523	26984239	热力生产和供应
	F 公司	1.6	6494	1573937	烟煤和无烟煤的开采洗选
	G 公司	1.2	4721	1583601	精炼石油产品制造

4.4　客户综合用能规划

（1）加强统筹规划。将综合能源服务作为转型发展的主要方向，加强技术、人才、信息等全方位融合，围绕着清洁低碳、多能互补、提高客户能效管理开展布局相关业务，重点开发新型工业园区、智慧城市、商业综合体等综合能源项目，加大用户市场培育，占领新增用能市场。

（2）坚持理念先行，加强对综合能源服务的认识。

（3）电力营销精益化服务。

1）通过对采集到的数据分析，利用数据挖掘技术，更准确地分析与掌握风电、光伏、水电、火电、储能等各类能源的互补调配能力。

2）利用机器学习、人工智能、区块链等技术，分析与学习各类电源与用户之间的关联，有效地对电能输配进行协商与调度管理。

3）通过对用户用电数据的搜集、管理与分析，为用户提供个性化电价和节能方案。

4）扩展用电采集范围和频率，开展用电行为特征的深入分析，并实施区别化的用户管理策略，为各类用户提供更为智能化、精益化的综合能源服务。

（4）壮大人才队伍。加强内外部人才、技术等各类资源的整合，面向地方政府、发电用户、用能企业、普通居民等不同群体、多种场景下，提供能耗分析、节能定制等系统化、智能化解决方案，构建供需充分对接、信息充分共享的能源综合服务"平台"。

（5）支撑电力营销精益化的综合能源服务。综合能源服务包含企业对企业（business-to-business，B2B）、企业对消费者（business-to-customer，B2C）、消费者对消费者（Customer to Customer/Consumer to Consumer，C2C）等服务模式，涉及供电、维修、交易等多个服务范畴。

1）B2B主要涉及：

a. 供电业务。源端处的电厂将电能出售给电网公司，并由电网公司进行输配。同时，民营售电公司作为大用户在源端处直购电，参与中长期交易与电力现货交易。

b. 设备维护。源端处的各类电厂可向综合能源服务公司提出申请，为各类故障设备进行专业的维护与检修，服务完成后支付一定的费用。

c. 能效检测与节能设计。源端处的各类电厂可以申请让综合能源服务公司为其提供能效检测，通过检测了解其发电设备的运行状况，并为其出示相应的检测报告，同时告知节能空间并推荐节能设备，制定节能方案。

d. 数据交易。各个电厂可将发电过程中产生的有价值的数据出售给电网公司，以便电网公司进行调度方面的预测，有助于其调整下一阶段的调度计划；电网公司在对购买的大量有价值数据进行统计、分析与汇总后，可将处理后的数据进行出售，便于部分电厂与微网用户调整发电计划，避免弃风弃光现象的出现。

2）B2C 主要包括：

a. 供电业务。综合能源服务公司将电能出售给各类用户，电网公司和民营售电公司制定优惠的购电套餐以争取各类用户的选择，大型的工业用户可以从源端处进行直购电。

b. 设备维护。各类用户向综合能源服务公司提出设备维护与检修的申请，并支付相应的费用。

c. 能效检测与节能设计。工业用户、商业用户和微网用户向综合能源服务公司申请能效检测，通过检测了解其耗能设备的能源利用率，并为其出示相应的检测报告，同时告知节能空间并推荐节能设备，制定节能方案。

d. 数据交易。各类用户可将用电过程中产生的有价值数据出售给电网公司，便于电网公司进行负荷方面的预测，有助于其调整下一阶段的调度计划。

3）C2C 主要涉及：

a. 分布式能源服务。微网用户在与附近的居民用户签订协议后，为其提供价格相对低廉的供电业务。

b. 数据交易。居民用户可将用电过程中产生的有价值数据出售给附近的微网用户，便于微网用户进行负荷方面的预测，有助于其制定与修改未来一段时间的发电。

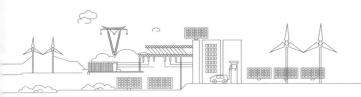

5 综合能源服务能效指标评价体系的构建

随着综合能源服务概念的提出，构建综合能源服务能效指标评价体系就显得尤为重要，本章介绍能效指标体系的指标来源、指标选取、指标计算等内容。

5.1 初选能效指标

通过调研、查阅文献、专家交流探讨等手段，结合工作实践情况，初步确定电力综合能效评估指标体系。一级指标分别为经济能效指标、管理能效指标，技术能效指标。二级指标共计 14 项，其中，经济能效细分为企业万元产值电耗、企业万元增加值电耗；管理能效细分为用电设备完好率、节电率、节电量；技术能效细分为用电设备效率、功率因素、电压不合理率、电流不平衡率、企业线损率、谐波畸变率、单位产品电耗、变压器负载率、用电设备停电时间。该体系分别从经济、管理、技术三方面对电力用户能效进行诊断，较为全面地反映了用电企业的电力能效水平，如图 5-1 所示。

5.2 指标数据预处理

由图 5-1 可知，初步建立的能效评估指标体系包括极大型、极小型和区间型三类评价指标。初步建立的能效诊断指标体系中包括极大型、极小型

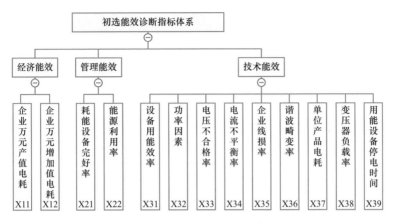

图 5-1　初选能效诊断指标体系

和区间型三种类型的指标：①极大型指标指人们期望该指标的取值越大越好的指标，如能源利用率；②极小型指标指人们期望该指标的取值越小越好的指标，如电压不合格累计时间；③区间型指标指人们期望改指标的取值落在某个区间内为最佳的指标，如负载率。现设定极大型指标为标准类型，将极小型和区间型指标转化为极大型，保证指标类型的一致性，处理方式如下。

对于极小型指标，有

$$x^* = \frac{1}{x} \tag{5-1}$$

对于区间型指标，有

$$x^* = \begin{cases} 1 - \dfrac{q_1 - x}{\max\{q_1 - m, M - q_2\}} \\ 1 - \dfrac{x - q_2}{\max\{q_1 - m, M - q_2\}} \end{cases} \tag{5-2}$$

式中：x 为原评价指标；x^* 为转换后的评价指标；q_1、q_2 分别为指标最佳稳定区间的最大值和最小值；M、m 分别为 x 允许的上下限值。

保证指标类型一致后，采用"零-均值规范化"将评价指标进行无量纲化，保证指标的数据标准化，有

$$\bar{x} = \frac{x - \mu}{\sigma} \qquad (5\text{-}3)$$

式中：$\bar{x}$ 为无量纲化后的指标；μ 和 σ 分别代表 x 的数学期望均方差。

5.3 构建能效指标评价体系

能效诊断指标体系中的指标应该具有一定的代表性，否则某些指标若对整个指标体系的贡献太小，不仅会增加诊断计算量，还会影响诊断的准确性。指标选择一般采用主成分分析法及相关性分析法。主成分分析（主成分分析技术，又称主分量分析，principal components analysis，PCA）的基本思想是将原有变量重新组合，形成新的、互相无关的几个综合变量，在降维的同时尽可能反映原有指标的数据信息。而相关性分析则是通过各个变量间相关系数的大小来判断变量间是否存在线性相关的冗余变量。

初选能效诊断指标体系的一级指标是由宁夏电力公司专家的经验反复斟酌推荐形成，无需筛选。筛选工作主要针对 13 项二级指标。视每个一级指标所对应的二级指标为一个独立的系统（如经济能效子系统包含企业万元产值电耗、企业万元增加值电耗），利用 PCA 提取各系统主成分，通常第一主成分（即一级指标）已包含绝大部分数据信息，所以只需计算各二级指标对第一主成分的构成系数，将系数大的指标予以保留，其余次要指标即可删除。再对二级指标进行相关性分析，若某一指标与其余多个指标显著相关，则可认定其为冗余指标。如果相关性分析与主成分分析结果相反，应以 PCA 分析结果为主，例如某一指标在第一主成分的构成中占有很大比重，那么即使它与多个指标线性相关，也不可删除。

以搜集到的 3 家工业用户数据为样本，并依次进行主成分分析和相关性分析，得到最终能效诊断指标体系，如图 5-2 所示。

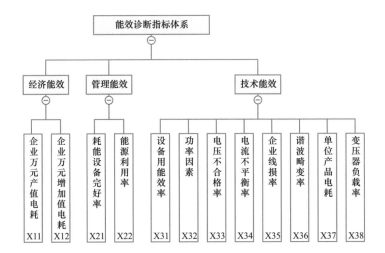

图 5-2　筛选后的能效诊断指标体系

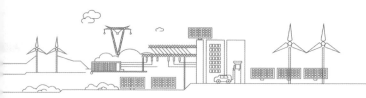

6 综合能源利用效率的评估模型

在我国能源供需矛盾、结构性矛盾突出的情况下，为了促进经济、能源与环境的可持续协调发展，提高能源利用效率以及充分了解能源电力系统保障风险就有着极为重要的现实意义，综合能源利用效率评估模型的构建能评估企业能源利用情况，定位能效薄弱环节，并制定相关的节能减排措施，有助于企业提高能源利用率。而综合能源电力系统保障风险评估模型可优化能源结构，扩大可再生能源占比，使能源实现可持续安全使用，应对能源在供给方面的脆弱性。

6.1 综合能源利用效率评估模型构建

基于能效指标评价体系，利用熵权法计算指标权重系数，再利用层次分析法构建综合能源利用效率评估模型，以此评估企业能源利用效率的高低。

6.1.1 建模流程图

采用递阶综合分析法对用户能效水平进行综合诊断，包括三个层次：一级指标的权重计算、二级指标的权重计算及最后的综合赋权计算，其综合能效诊断模型流程图如图 6-1 所示。

6.1.2 采用组合赋权法计算一级指标权重

采用组合赋权法计算过程中，如果某一指标 x_i 重要程度大于（或不小于）x_j，则记为 $x_i > x_j$，若指标 x_1，x_2，x_3，$\cdots$，x_m 具有关系式 $x_1 > x_2 > x_3 > \cdots > x_m$，则称为指标之间按 "＞" 确定了序关系。对于指标集 $X = \{x_1, x_2, x_3, \cdots, x_m\}$，可按下述步骤建立序关系：①在指标集中选出 m 个指标中最重要的一个指标，标记为 x_i；②在余下的 $m-1$ 个指标中选出最重要的一个指标，标记为 x_j；③在余下的 $m-2$ 个指标中选出最重要的一个指标，并不断重复此步骤；④在余下的 $m-(k-1)$ 个指标中选出最重要的一个指标标记为 x_n，直到剩下最后一个指标；⑤将余下的一个指标标记为 x_k。最后则可确定一个唯一的序关系。

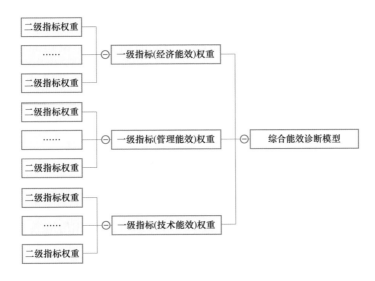

图 6-1　综合能效诊断模型

设专家评定的指标 x_{k-1} 与 x_k 的重要性程度之比为 p_{k-1}/p_k，记为 r_k，则 $r_k = p_{k-1}/p_k$ 其中 p_k 代表指标集 X 中第 k 项指标对应的权重。r_k 值的含义详见表 6-1。

表 6-1　　　　　　　　　　　　　　　　r_k 值含义表

r_k	描述
1.0	指标 x_{k-1} 与 x_k 具有同样重要性
1.2	指标 x_{k-1} 与 x_k 具有略微重要性

续表

r_k	描述
1.4	指标 x_{k-1} 与 x_k 具有明显重要性
1.6	指标 x_{k-1} 与 x_k 具有强烈重要性
1.8	指标 x_{k-1} 与 x_k 具有极端重要性
1.1，1.3，1.5，1.7	对应以上两相邻判断中的相邻情况

设第 m 个指标权重为 p_m，第 k 个指标权重为 p_k，则

$$p_m = 1/(1 + \sum_{i=2}^{m} r_i) \tag{6-1}$$

$$p_{k-1} = r_k p_k \tag{6-2}$$

以上即为组合赋权法的基本步骤。当同时请 L 位专家对同一目标进行诊断时，由于每位专家均可确定一组序关系，则存在两种可能：L 个序关系不一致和 L 个序关系一致。

设 L 位专家中有 $L_i(1 \leqslant L_i \leqslant L)$ 位专家给出的序关系一致，且关于 r_i 的赋值记为 r_{ih}，$h=1, 2, 3, \cdots, L_i$，则

$$r_i = \frac{1}{L_i} \sum_{h=1}^{L_i} r_{ih} \tag{6-3}$$

将式（6-3）代入式（6-1）和式（6-2），即可计算出 L_i 位专家确定的权重系数 $p_i^{(1)}$。此后，继续从 $L-L_i$ 位专家中查找有无一致的序关系，若有，按式（6-1）～式（6-3）继续计算权重 $p_i^{(2)}$，$\cdots$，直至剩余的 L_e 位专家所确定的序关系均不一致。对于最后 L_e 个不相同的序关系，通过式（6-1）和式（6-2）计算出 L_e 位专家中每位专家确定的权重，并取其算术平均值 $p_i^{(e)}$ 作为 L_e 位专家的综合结果。最后 L 位专家所确定的权重系数为

$$p = c_1 p_i^{(1)} + c_2 p_i^{(2)} + c_3 p_i^{(3)} + \cdots + c_e p_i^{(e)} \tag{6-4}$$

$$c_i = L_i/L$$

式中：c_i 表示确定某一权重的专家人数占专家总人数的比重。

综合能效诊断中，专家对经济能效、管理能效、技术能效 3 项一级指标进行分析，确定其序关系，利用式（6-1）～式（6-4）确定该三项一级指

标在整个能效诊断模型中的权重。

6.1.3 熵权法计算二级指标权重

熵权法是一种根据各项指标观测值所提供的信息量的大小来确定指标权重的方法。其基本思想是：若某项指标熵值较小，则说明该指标数据序列的变异程序较大，应重视该指标对于整个诊断模型的作用，其权重也应较大。熵权法确定指标权重的步骤如下。

（1）计算第 j 项一级指标下，第 i 个二级指标的特征比重，即

$$t_{ij} = x_{ij} / \sum_{i=1}^{n} x_{ij} \tag{6-5}$$

（2）计算指标 j 项的熵值，即

$$e_j = -k \sum_{i=1}^{n} t_{ij} \ln t_{ij} \tag{6-6}$$

$$k = 1/\ln n$$

（3）计算指标 x_j 的差异性系数，即

$$g_i = 1 - e_j \tag{6-7}$$

（4）确定权重为

$$q_i = g_j / \sum_{i=1}^{n} g_i \tag{6-8}$$

对于每个一级能效指标，以指标数据序列为基础，利用熵权法确定每个二级指标在各个一级指标中的权重。

6.1.4 构建综合能效诊断模型

设一级指标的权向量为 $P = (p_1, p_2, p_3, \cdots, p_m)$，并已知其第 i 项一级指标中二级指标的权向量 $Q = (q_{i1}, q_{i2}, q_{i3}, \cdots, q_{in})$，则用户综合能效诊断模型为

$$y = \sum_{i=1}^{m} p_i \left(\sum_{j=1}^{n} q_{ij} x_{ij} \right) \tag{6-9}$$

6.2 模型评价

选取用户真实数据进行模型验证及评估，分别对高价值用户中的三个用户"甲醛公司""制烯烃公司""水电公司"进行电力能效诊断。

6.2.1 指标权重计算

采用组合赋权法对综合能效指标评价体系的各指标进行权重计算，二级指标权重计算结果如表 6-2 所示。

表 6-2   二 级 指 标 权 重 结 果

二级指标	权重
万元产值电耗 x_{11}	0.4674
万元增加值电耗 x_{12}	0.5326
用电设备完好率 x_{21}	0.4778
节电率 x_{22}	0.5222
用电设备效率 x_{31}	0.1324
功率因数 x_{32}	0.1187
电压不合格率 x_{33}	0.1219
电流不平衡率 x_{34}	0.1187
线损率 x_{35}	0.1205
谐波畸形率 x_{36}	0.1219
单位产品电耗 x_{37}	0.1474
变压器负载率	0.1187

6.2.2 用户能效诊断分析

采用综合评价法对 3 个用户的经济能效、管理能效、技术能效进行综合评价，评价结果如表 6-3 所示。

表 6-3   用 户 能 效 诊 断

能效	甲醛公司	制烯烃公司	水电公司
经济能效	0.3674	0.6697	0.36
管理能效	0.3822	0.188	0.4937
技术能效	0.3044	0.7438	0.4112
综合能效诊断	0.3487	0.6442	0.3901

对三个用户进行能效诊断，可看出甲醛公司和水电公司的各项得分比较平均，从三个方面都有可以提升的空间。对制烯烃公司来说，其管理能效得分最低，而且与技术能效得分和经济能效得分相比，差距较大，所以在管理能效上做工作，能够有比较大的提升。

6.3 实例分析

对甲醛公司的用电能效进行诊断分析和现场调研，发现该企业使用的空气压缩机型号老旧，与新的节能型空压机在功率、能效利用方面都存在较大差距，并且该企业存在蒸汽大量流失的情况，流失率达 45%～55%。故对该企业的耗能设备空气压缩机进行能效分析，主要分析产气设备本身的能效指标，即机组的输入比功率（以下简称比功率），比功率是衡量一台空气压缩机节能与否的重要指标，所谓比功率，就是在规定工况下及一定压力下，每产生 1m³ 的压缩空气所需要的电能。将两种空压机进行比较，结果如表 6-4 所示。

表 6-4   普通空压机与节能空压机对比

1 号车间空压机改善分析	现有运行空压机	节能改造选型
机型	RALLYE070-112	变频 JN90-21/7-Ⅱ 二级压缩螺杆空压机
数量	共 3 台，开 3 台	1
铭牌功率（kW）	37×2+45×1=119	90
铭牌气量（m³/min）	20.3	21

续表

1号车间空压机改善分析	现有运行空压机	节能改造选型
额定压力（MPa）	0.8	0.7
冷却方式	风冷	风冷
总气量（m³/min）	20.3	21
实际工作压力（MPa）	6.5	6.5
输入比功率［kW/(m³/min)］	7.6	6.1
节电量（kWh）	（7.6 −6.1）×21＝31.5	
年节约电费（元）	31.5×8600×0.5＝135450 （一年8600h，电费0.5元/kWh）	

该企业共有 3 个车间，若每个车间都改用节能空压机，年度节能约 812700kWh，年度节省电费约 40.7 万元。

除了节能之外，空压机在工作时会产生大量的余热，以往都被散热器和散热风扇排往空气中造成浪费，如果对空压机余热进行回收再利用，则可以为企业在产品热洗、锅炉预热、办公区和生活区冬季供暖、员工洗浴等方面提供足够的热能，并为企业节省在这些方面需支出的费用。

该企业使用节能空压机 24h 排出的余热可加热 13.92t 水，按该地区热水价格 51.4 元/t、一年 365 天计算，3 台节能空压机余热回收可产生年收益 78.4 万元。企业投入产出收益表如表 6-5 所示。

表 6-5 企业投入产出收益表

项目	投入（万元）		年节能量（kWh）	节能费用（万元）		成本回收年限
	3套设备（节能空压机＋余热回收机等）	人工费（设备和成本6%）	节能空压机	节电费用	余热收益	投入/节能费用≈4年
	450	27	812700	40.7	78.4	
合计	477		812700	119.1		4

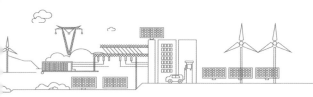

7 电能替代的前景分析

我国多地电能替代战略稳步推进，能源转型发展步伐加快，但受经济性、技术标准等制约，问题日益凸显，我国将全面推进北方居民采暖、生产制造、交通运输等领域的电能替代，实现能源终端消费环节替代。本章以宁夏地区为例，开展电能替代的前景分析。

长期以来，化石能源支撑着工业文明发展，同时也带来了环境污染、气候变化等影响人类生存发展的现实难题。能源消费总量不断攀升，传统能源供应日益趋紧，全球能源资源竞争越来越激烈，国际能源价格高位震荡，生态环境等制约因素凸显，要求建立在化石能源基础上的能源生产和消费方式亟待转变。电能作为清洁、高效、便捷的二次能源，可以有效提高能源利用效率、促进清洁能源的发展、提高电气化水平。因此，实施电能替代，在能源消费上，以电能替代煤、油、气等化石能源的直接消费，提高电能在终端能源消费中的比重，不仅是清洁替代的必然结果，而且是能源变革和转型的中心环节。

7.1 政策背景

自 2013 年以来，我国频繁发生严重雾霾，引起全社会对环境保护的高度关注以及对我国能源发展方式的深刻反思。2013 年 8 月 15 日国家电网公司印发《电能替代实施方案》，这标志着我国开始了能源消费的新模式。电能替代主要指的是利用电力能源替代煤炭、石油、天然气等常规终端能源，通过大规模集中转化提升燃料使用效率、降低污染物排放，改善终端能源消费结构，推动环保取得实质性的效果。电气化的推广是电能替代的一个重要方向，电气化具有热效率高、无污染、使用方便、灵活可靠等特点，是进行"以电代气""以电代煤"的重要措施。

随着科学技术和国民经济的快速发展，国家治理大气污染，为电能替代提供了有利环境和重大机遇。电能的需求量也极大增长，同时电能质量越来越显示其重要性，电力部门和用户对电能质量的关注也日益增加，一系列相关政策也相继出台，逐步推进电能替代工作。

2016 年 5 月，国家发改委颁布的《关于推进电能替代的指导意见》提出：以提高电能占终端能源消费比重、提高电煤占煤炭消费比重、提高可再生能源占电力消费比重、降低大气污染物排放为目标，根据不同电能替代方式的技术经济特点，因地制宜，分步实施，逐步扩大电能替代范围，形成清洁、安全、智能的新型能源消费方式。

国家发改委颁布的《关于推进电能替代的指导意见》与《电力发展"十三五"规划》就曾提出有关"十三五"电能替代具体要求：2016～2020 年，实现能源终端消费环节电能替代散烧煤、燃油消费总量约 1.3 亿 t 标准煤，促进电能占终端能源消费比重达到约 27%。

"十三五"期间，国家电网公司累计实施电能替代项目 28 万余个，替代电量 8477 亿 kWh，相当于在能源终端消费环节减少标煤消耗 2400 万 t，减排二氧化碳 8.7 亿 t，减排二氧化硫、氮氧化物和烟尘等排放 4.8 亿 t，成效显著。

"十四五"期间，我国应实施清洁电力驱动的电能替代政策，即电能替代贡献的电量增量由非化石能源来满足。截至目前，我国在一些容易实施的、社会经济效益明显的领域的电能替代项目已经完成，这意味着电能替代工作进入深水区，推进难度将越来越大。虽然煤电有力支撑了"十三五"期间电力需求增长，但"双碳"目标、生态环保、煤炭资源储量等限制因素决定了煤电不可能长期作为主体电力资源而存在。碳中和目标下，化石能源逐步退出能源体系是必然趋势，新增用电需求需用清洁电力来满足，清洁能源将是支撑"十四五"期间电能替代发展的主要力量。因此,"十四五"期间需因地制宜开展电能替代工作,科学有序释放和挖掘潜在电能替代项目。通过能源市场和价格驱动,以创新技术来提升电力系统运行效率及效益,以清洁能源来开展电能代替交易,以"免增容、微增容、合理增容"为手段,推动电能替代各利益相关方实现共赢,进而加快终端能源消费结构清洁化,促进全社会节能减排。

国家电网公司在配电网建设改造、设备投资、项目运行等方面提出了相关电能替代支持政策。

(1) 在配电网建设改造方面:①将合理配电网建设改造投资纳入相应配电网企业有效资产,将合理运营成本计入输配电准许成本,科学核定分用户类别、分电压等级输配电价;②从配电网改造资金中拿出一部分用于电能替代配套电网改造,配电网企业也要安排专项资金用于红线外供配电设施的投资建设,并建立提前介入、主动服务、高效运转的"绿色通道",按照客户需求做好布点布线、电网接入等服务工作。

(2) 在设备投资方面:①鼓励各地利用大气污染防治专项资金等资金渠道,支持电能替代;②鼓励电能替代项目单位积极申请企业债、低息贷款,采用 PPP 模式,解决融资问题。

(3) 在项目运行方面:①扩大峰谷电价价差,合理设定低谷时段,降低低谷用电成本,并将结合电改进程,推动建立发输供峰谷分时电价机制;②鼓励电能替代企业与风电等各类发电企业开展双边协商或集中竞价的直接交易,通过直接交易,电能替代项目可以按有竞争力的市场价格进行购电;③创新辅助服务机制,电、热生产企业和用户投资建设蓄热式电锅炉,提供调峰服务的,将获得合理补偿收益。

7.2 能源消费分析

近年来,雾霾成为社会关注的热点问题。2019 年度宁夏空气质量统计如图 7-1 所示。

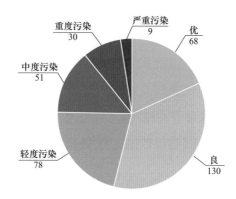

图 7-1　2019 年度宁夏空气质量统计（天）

解决环境问题必须改变以煤为主的能源结构，尽量减少化石能源使用，控制能源消耗总量、调整能源消费结构。电能相对于煤炭、石油、天然气等能源具有更加便捷、安全和清洁的优势。

实施电能替代对于推动能源消费革命、落实国家能源战略、促进能源清洁化发展意义重大，是提高电煤比重、控制煤炭消费总量、减少大气污染的重要举措。稳步推进电能替代，有利于构建层次更高、范围更广的新型电力消费市场，扩大电力消费，提升我国电气化水平，提高人民群众生活质量。同时，带动相关设备制造行业发展，拓展新的经济增长点。我国油气消费严重依赖进口，以煤为主的能源消费具有不可持续性，实施电能替代是保障国家能源安全的重要举措。

我国经济增长已经从高速发展过渡到中速发展阶段，电力增长也将趋于中速发展，售电市场增长无法继续依赖过去经济高速增长的发展方式。同时，终端能源消费市场竞争日益激烈。大力实施电能替代，是稳定和开拓售电市场的有效途径。

7.2.1　宁夏能源背景

优质丰富的煤炭资源推动了宁夏工业的快速发展，但随着资源消耗的加剧，宁夏作为煤炭资源重要产地，即将面临煤炭资源供不应求的局面。与这种污染环境、不可再生的能源日益消耗相对的就是可再生能源的进一步发展，依托丰富的风、光资源，宁夏具有发展新能源的优势。所以，宁夏综合能源管理首先应注重当地能源情况的复杂性、特殊性，注重能源使用间的矛盾性，将促进煤炭及相关工业升级转型、新能源消纳问题作为综合能源管理的重点发展方向。

7.2.2 宁夏能源消费分析

由图 7-2 可以看出，2015～2020 年宁夏能源消费总量呈上升趋势，2015～2019 年电力消费占比虽有波动但幅度不大，2020 年占比明显下降，较 2019 年占比下降 2.5 个百分点。大力实施电能替代是稳定和开拓售电市场的一个有效途径。

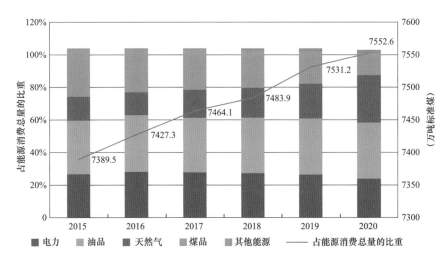

图 7-2　2015～2020 年宁夏能源消费总量及构成走势图

虽然电力消费占能源消费总量比例明显下降，但是人均生活用能量及人均电力消费量总体呈上升趋势。对与居民生活息息相关的住宅实施电气化，电能替代潜力较大且前景良好。

从占能源消费总量的比重角度看，煤品呈下降趋势且 2015 年度降幅较大；油品、天然气、其他能源呈上升趋势，其中天然气及其他能源增幅较大，详细数据如表 7-1 所示。

表 7-1   2015～2020 年宁夏能源消费总量及构成情况

年份	能源消费总量（标准煤，万吨）	占能源消费总量的比重				
		电力	油品	天然气	煤品	其他能源
2015	7389.5	26.8%	32.9%	14.6%	29.6%	0.1%
2016	7427.3	28.1%	34.9%	14.0%	26.7%	0.3%
2017	7464.1	27.8%	33.6%	17.1%	25.2%	0.3%
2018	7483.9	27.3%	34.2%	18.2%	23.3%	1.0%
2019	7531.2	26.4%	34.6%	21.1%	20.4%	1.5%
2020	7552.6	23.9%	34.5%	29.0%	13.7%	1.9%

7.2.3 人均生活用能分析

由图 7-3 可见，2015～2020 年宁夏人均生活用能量及人均电力消费量虽有波动但总体呈上升趋势。

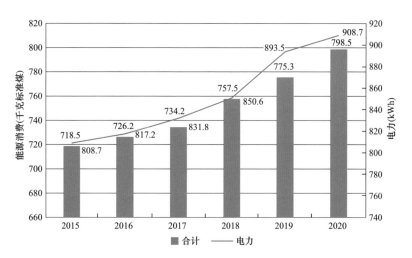

图 7-3 2015～2020 年宁夏人均生活用能源及电力消费趋势图

在人均生活用能源构成中，煤炭消费逐年下降且幅度较大，液化石油气略有波动，天然气及汽油则呈上升趋势。详细数据如表 7-2 所示。

表 7-2   2015～2020 年人均生活用能源

年份	合计 （标准煤，kg）	煤炭 （kg）	电力 （kWh）	液化石油气 （kg）	天然气 （m³）	汽油 （L）
2015	718.5	173.6	729.1	11.3	53.1	164.9
2016	726.2	167.1	727.2	10.7	52.7	167.6
2017	734.2	159.0	791.8	9.3	56.5	174.4
2018	757.5	147.7	750.6	9.9	57.1	180.7
2019	775.3	137.6	793.5	11.0	59.6	182.5
2020	798.5	126.3	808.7	11.6	63.7	194.3

7.3　电气化住宅小区电能替代的经济性分析

电气化住宅小区主要体现在电气化采暖、电气化厨房、其他电气化生活、电气化出行替代四个方面。现就这四个方面基于调研结果进行经济性分析，分析结果如表 7-3 所示。

表 7-3   电气化住宅小区经济性分析

行业		2020 年环保可行 替代潜力		2020 年技术可行 替代潜力	
		电量 （万 kWh）	占比	电量	占比
替代总量		8521		15469	
集中供暖		1310	15.4%	2620	16.9%
散烧煤	农村生活	451	5.3%	789	5.1%
	农业生产	111	1.3%	183	1.2%
	城市生活	179	2.1%	295	1.9%
	商业餐饮	382	4.5%	520	3.4%
	公共事业单位	223	2.6%	325	2.1%
	其他	238	2.8%	288	1.9%

续表

行业		2020 年环保可行替代潜力		2020 年技术可行替代潜力	
		电量（万 kWh）	占比	电量	占比
动力煤	工业锅炉（不含电厂锅炉）	2840	33.3%	4034	26.1%
	工业窑炉	1500	17.6%	3500	22.6%
	公用电厂发电替代	96	1.1%	289	1.9%
	白备电厂发电替代	303	3.6%	675	4.4%
化工原料		173	2.0%	520	3.4%
其他		715	8.4%	1429	9.2%

7.3.1 电气化采暖替代分析测算

《关于推进电能替代的指导意见》指出居民采暖领域是电能替代的重要任务之一。

（1）存在采暖刚性需求的北方地区和有采暖需求的长江沿线地区，重点对燃气（热力）管网覆盖范围以外的学校、商场、办公楼等热负荷不连续的公共建筑，大力推广碳晶、石墨烯发热器件、发热电缆、电热膜等分散电采暖替代燃煤采暖。

（2）在燃气（热力）管网无法达到的老旧城区或生态要求较高区域的居民住宅，推广蓄热式电锅炉、热泵、分散电采暖。

（3）在农村地区，以京津冀及周边地区为重点，逐步推进散煤清洁化替代工作，大力推广以电代煤。

（4）在新能源富集地区，利用低谷富余电力，实施蓄能供暖。

7.3.1.1 电气化采暖简介

（1）分散式电采暖。在分散式采暖领域中，目前主要的电能替代技术包含碳晶采暖、发热电缆采暖和电热膜采暖等方式。

1）碳晶采暖。碳晶采暖是通过向碳晶颗粒中通电流产生热能，以辐射和对流方式向外散热，其电热转换效率高达98％以上。

系统组成：发热系统、保温系统、控温系统、电路系统。

安装形式：安装在复合地板、地砖、大理石等地面材料下，系统铺装后的整体高度仅不到3cm，不占居家面积。也可壁挂、立式。

特点：碳晶采暖制热均匀、舒适、不干燥，安全性能优良。系统控制灵活，可以实现即用即开，不用即停。

适用领域：适用于新建建筑和既有建筑采暖。

替代对象：集中采暖和居民燃气壁挂炉采暖。

碳晶采暖分布结构如图7-4所示。

图7-4　碳晶采暖分布结构

2）发热电缆采暖。发热电缆采暖是将高电阻率电缆埋入地板下，通电时电缆发热加热地板，以辐射和对流方式向室内传热。

系统组成：发热电缆、温度感应器（温控探头）、温度控制器。

安装形式：安装在复合地板、地砖、大理石等地面材料下。

特点：热源在地下，人体感觉舒适。系统控制灵活，可以实现即用即开，不用即停。

适用领域：适用于新建建筑采暖，既有建筑改造工程量较大。

替代对象：集中采暖和居民燃气壁挂炉采暖。

发热电缆采暖分布结构如图7-5所示。

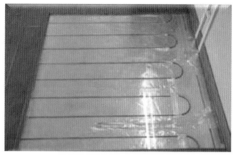

图 7-5 发热电缆采暖分布结构

3）电热膜采暖。电热膜采暖的主要材料是一种通电后能发热的半透明聚酯薄膜，工作时电热膜发热，将热量以辐射的形式送入房间。

系统组成：电热膜、温控器。

安装形式：铺设在地表面或者在房间顶棚石膏板吊顶内，也可以铺设在墙体表面。

特点：属于低温辐射方式采暖，人体感觉温暖舒适，相比传统供热方式，没有干燥和闷热的感觉；可以实现智能化控制。

适用领域：该技术适用于新建建筑采暖和既有建筑采暖。

替代对象：集中采暖和居民燃气壁挂炉采暖。

电热膜采暖分布结构如图 7-6 所示。

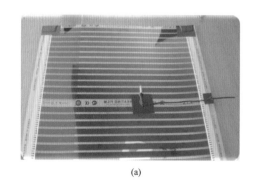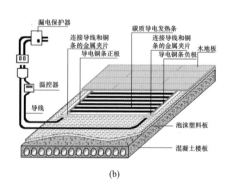

(a) (b)

图 7-6 电热膜采暖分布结构

(a) 实物图；(b) 安装示意图

（2）电（蓄热）锅炉。电锅炉是采用电阻式和电磁感应式加热器，将电能转化为热能的设备，电锅炉分为直热式电锅炉和蓄热式电锅炉两种。蓄热式电锅炉采暖是在夜间谷电时段，利用电加热锅炉产生热量，然后将热量蓄积在蓄热装置中（目前蓄热方式主要包含热水蓄热和镁砂固体蓄热），在白天用电高峰时段，停止电锅炉运行，利用蓄热装置向外供热。由于目前蓄热电锅炉受蒸发量的限制，在功能上难以替代大吨位蒸汽锅炉，主要考虑替代 2 蒸吨以下锅炉为主。

系统组成：电锅炉、蓄热水箱、散热器、水箱循环泵、供热泵、补水泵、定压装置、电动三通阀等设备。

安装形式：与传统的煤锅炉取暖一样。

特点：直热式电锅炉没有蓄热装置，占地面积小，没有污染物排放，但运行费用较高。蓄热式电锅炉充分利用低谷电价，可以大幅度减少用电成本，但是蓄热装置体积较大。

适用领域：适用于建筑采暖、生产生活热水及工业用热。

替代对象：燃煤、燃气锅炉。

电（蓄热）锅炉结构如图 7-7 所示。

图 7-7　电（蓄热）锅炉结构

（3）水源热泵。水源热泵是利用热泵机组吸收地下水中的热量，经过压缩机升温升压后向建筑物供热，然后将地下水回灌的设备。

系统组成：水源提取系统、水源热泵机组、末端散热设备。

安装形式：水源提取系统在室外安装，需要打井和埋管，水源热泵机组室内独立安置，末端散热设备安置在取暖端。

特点：能效较高，但对地下水资源要求较高，部分地区回灌困难。

适用领域：适用于地质条件较好、地下水比较丰富的建筑物采暖和制冷。

替代对象：集中供暖。

水源热泵采暖结构如图 7-8 所示。

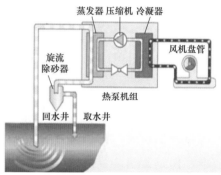

图 7-8　水源热泵采暖结构

（4）空气源热泵。空气源热泵是利用热泵机组吸收空气中的热量，经过压缩机升温升压后向建筑物供热。

系统组成：用热侧换热设备、热源侧换热设备（热泵主机）、压缩机。

安装形式：热泵主机可安装在外墙等通风处，避开迎风方向，压缩机在地面安置，用热侧换热设备安装在地面材料下。

特点：能效较高。空气源热泵在环境温度低于−5℃时，制热效率大幅度下降，一般不能在严寒地区使用。

适用领域：采暖和制冷。

替代对象：集中供暖或燃气壁挂炉采暖。

空气源热泵采暖结构如图 7-9 所示。

7.3.1.2　电气化采暖优势

（1）利用发热电缆采暖是实现零排放、无污染的绿色环保型供暖方式。我国北方很多城市使用燃煤，造成环境污染，要改变这一现状，只有改变能源结构，采用发热电缆供暖是不可或缺的方案。

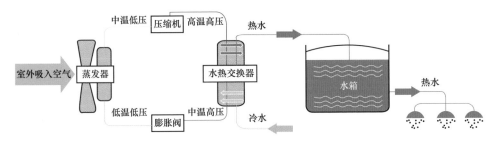

图 7-9 空气源热泵采暖结构

（2）供暖效果好，采暖率高。如前所述，采用地面辐射供暖无论是供暖效果还是采暖效率，都是其他采暖方式无法比拟的。

（3）可控性极强，真正实现分户分室和区域控制，操作方便。发热电缆低温辐射供暖系统在手动、自动编程控制方面，简单易行，有利于节能，实践资料证明，在供暖系统中通过控温和分户计量措施，可降低耗能 20%~30%。

（4）舍弃管道、管沟、散热器片等建设和投资，节约了上地提高了使用面积，据统计，可节约用地和增加建筑使用面积 3%~5%。

（5）不用水、不怕冻，用之则开，不用则关，更有利建筑间歇供暖节能。

（6）舒适、温馨，不占墙面，有利于建筑装饰、装修。

7.3.1.3 经济测算

（1）初始投资测算。经市场调研及相关文献资料，电采暖与传统采暖方式初始投资与年化投资对比如表 7-4 和图 7-10 所示。

表 7-4　　　　　　　　各类供暖方式投资经济性对比

类别	供暖方式		初始投资 （元/m²）	年化投资 （元/m²）	使用寿命
电气化采暖	分散式 电采暖	碳晶	约 165	3.3	50 年以上
		发热电缆	约 190	3.8	50 年以上
		电热膜	约 160	5.3	30 年以上
	电锅炉	直热式	约 140	9.3	15 年
		蓄热式	约 153	10.2	15 年
	热泵	水源热泵	约 270	10.8	25 年
		空气源热泵	约 200	10	20 年

续表

类别	供暖方式	初始投资 （元/m²）	年化投资 （元/m²）	使用寿命
市政供暖	热力集团大网	—	约 290	—	—
小区供暖	燃气锅炉	—	约 225	15	15 年
	燃煤锅炉	—	约 225	15	15 年
独立供暖	燃气壁挂炉	—	约 145	14.5	10 年

注　1. 初始投资为开发商建成成本，包括热源配套、小区供热管网、热计量表、户内设备费用等。
　　2. 年化投资＝初始投资/使用寿命。
　　3. 初始投资指的是开发商一次性投入成本，年化投资则能更好地反映出其经济性。
　　4. 热力集团大网无使用寿命相关数据，暂不参加年化投资比较。

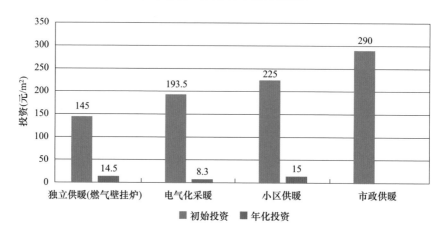

图 7-10　各类供暖方式投资经济性对比

由图 7-10 可见，在初始投资方面，独立供暖（燃气壁挂炉）方式最低，市政供暖方式最高。电气化采暖方式平均支出（各类电采暖支出的平均值 193.5 元/m²）高于独立供暖（燃气壁挂炉）方式，低于市政及小区供暖方式。

若以年化投资比较，电采暖较传统供暖方式均有优势。

1）运行费用测算。年运行费用主要是设备运行时所需要的能源费和设备维护费。

思路：对于供暖热负荷的估算，本书采用单位建筑面积热指标法，这种方法计算简便，是国内经常采用的方法。

　　采用获得等量热值（不管采用何种采暖方式，对于同一房屋它们所提供的热量是相同的，而这些热量则直接来源于其他各类能源所转换过来的热能）的方式，计算各类取暖方式每采暖季每平方米的运行费用。

　　模拟计算环境：①采暖热指标 q_h 为 50W/m^2；②供暖期 d 为 120 天；③以 2015～2016 采暖季为例，采暖小时数 h 为 1468.6（工作日 14h/天，周末及节假日 24h/天，考虑到用户会主动关闭无人房间的采暖，取使用系数 0.7，折算后为 1468.6h）。

　　分析测算：

　　a. 所需热量测算：在上述设定参数基础上，每个供暖期每平方米所需热量 Q 为 63153kcal。

　　b. 测算说明：

$$Q = (q_h h/1000) \times 3.6 \times 10^6 / 4185.85$$

　　注：①热负荷每千瓦约等于 3.6×10^6 J；②每千卡等于 4185.85J。

　　2）取暖方式运行费用测算。

　　测算说明：

能源数量＝热量／（能源热值×能源效率）；

能源费用＝能源数量×能源单价；

运行费用＝能源费用＋维护费用。

　　采用等量热值法测算，各类取暖方式运行费用比较如表 7-5 所示。

表 7-5　　　　　　　　各类供暖方式采暖季补贴前经济性对比

供暖方式	供暖模式	能源种类	能源热值	能源效率	能源单价	能源数量	能源费用	维护费用	运行费用
分散式电采暖	分散	电	860	98%	0.4883	74.9	36.6	0	36.6
直热式电锅炉	集中	电	860	98%	0.4883	74.9	36.6	3	39.6
蓄热式电锅炉	集中	低谷电	860	98%	0.2	74.9	15	5	20
土壤源热泵	集中	电	860	500%	0.4883	14.7	7.2	8.1	15.3
水源热泵	集中	电	860	500%	0.4883	14.7	7.2	10	17.2

续表

供暖方式	供暖模式	能源种类	能源热值	能源效率	能源单价	能源数量	能源费用	维护费用	运行费用
空气源热泵	集中	电	860	200%	0.4883	36.7	17.9	8.1	26
热力集团大网	集中	—	—	—	—	—	—	—	24
燃煤直供锅炉	集中	煤	—	—	—	—	—	—	16.5
燃煤间供锅炉	集中	煤	—	—	—	—	—	—	19
燃气（油）锅炉	集中	气（油）	—	—	—	—	—	—	30
燃气壁挂炉	分散	气	8600	90%	2.28	8.2	18.7	5	23.7

注 1. 表中各列单位说明：能源热值：电为 kcal/kWh，气为 kcal/m³；能源单价：电为元/kWh，气为元/m³；能源数量：电为 kWh，气为 m³；能源、维护、运行费用均为元/（m²·年），下同。
2. 蓄热锅炉只在低谷电时段运行，其余时间采用蓄热供暖，故其能源单价采用低谷电价。

电采暖用户需经供电公司验收后方可享受补贴电价，用户自行改造则不享受。若享受补贴电价后，电采暖运行费用还会进一步降低，如表7-6所示。

表7-6　　　　　　　　各类供暖方式采暖季补贴后经济性对比

供暖方式	供暖模式	能源种类	能源热值	能源效率	能源单价	能源数量	能源费用	维护费用	运行费用
分散式电采暖	分散	电	860	98%	0.3705	74.9	27.75	0	27.75
直热式电锅炉	集中	电	860	98%	0.3705	74.9	27.75	3	27.75
蓄热式电锅炉	集中	低谷电	860	98%	0.2	74.9	15	5	20
土壤源热泵	集中	电	860	500%	0.3705	14.7	5.45	8.1	13.55
水源热泵	集中	电	860	500%	0.3705	14.7	5.45	10	15.45
空气源热泵	集中	电	860	200%	0.3705	36.7	13.6	8.1	21.7
热力集团大网	集中	—	—	—	—	—	—	—	24
燃煤直供锅炉	集中	煤	—	—	—	—	—	—	16.5
燃煤间供锅炉	集中	煤	—	—	—	—	—	—	19
燃气（油）锅炉	集中	气（油）	—	—	—	—	—	—	30
燃气壁挂炉	分散	气	8600	90%	2.28	8.2	18.7	5	23.7

注 除蓄热式电锅炉所用电全为低谷电外，其余电采暖模式下所用电为低谷电及平峰电相结合。我们设定电采暖低谷时段（晚23：00至次日早7：00）运行5h，计算得出加权电价为0.3705元，即[5×120×0.2+(1468.6−5×120)×0.4883]/1468.6＝0.3705。

综合上述两表，享受补贴和未享受补贴费用支出如表 7-7 和图 7-11 所示。

表 7-7 各类供暖方式采暖季经济性综合对比表

供暖方式	供暖模式	未享受补贴电价			享受补贴电价			
		能源费用	维护费用	运行费用	能源费用	维护费用	运行费用	相比降低
分散式电采暖	分散	36.6	0	36.6	27.75	0	27.75	24%
直热式电锅炉	集中	36.6	3	39.6	27.75	3	27.75	24%
蓄热式电锅炉	集中	15	5	20	15	5	20	
水源热泵	集中	7.2	10	17.2	5.45	10	15.45	10%
空气源热泵	集中	17.9	8.1	26	13.6	8.1	21.7	17%
热力集团大网	集中	—	—	24	—	—	24	—
燃煤直供锅炉	集中	—	—	16.5	—	—	16.5	—
燃煤间供锅炉	集中	—	—	19	—	—	19	—
燃气(油)锅炉	集中	—	—	30	—	—	30	—
燃气壁挂炉	分散	18.7	5	23.7	18.7	5	23.7	—

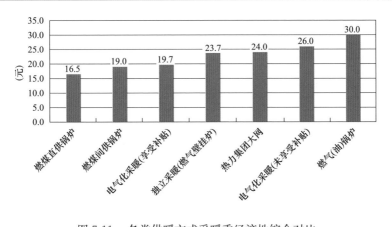

图 7-11 各类供暖方式采暖季经济性综合对比

注：电气化采暖费用为各类电采暖方式费用的平均值。

由以上图表可见，在年运行费用方面，燃煤直供锅炉最低，燃气（油）锅炉最高。电气化采暖在享受补贴电价时支出仅高于燃煤锅炉而低于其他传统模式；未享受补贴电价的情况下仅低于燃气（油）锅炉而高于其他传统模式。

（2）节能减排测算。

1）节能测算。各种能源折标准煤参考系数如表 7-8 所示。

测算说明：能源数量（千克标准煤）＝能源数量×折标准煤系数

测算后各类取暖方式能耗折合成标准煤后数量如表 7-9 所示。电气化采暖与传统采暖方式能耗比较如图 7-11 所示。

表 7-8　　　　　　　　各种能源折标准煤参考系数

能源种类	折标准煤系数
电	0.1229kg 标准煤/kWh
汽油	1.4714kg 标准煤/kg
天然气	1.23kg 标准煤/m³

注　数据来源为《中国能源统计年鉴 2015》。

表 7-9　　　　　　　　各类供暖方式能耗

供暖方式	能源种类	能源数量（标准煤，kg/m²）	能源数量（标准煤，kg）	较集中供热节约的标准煤（kg）	较独立供热节约的标准煤（kg）
分散式电采暖	电	74.9	9.2	10.8	0.9
直热式电锅炉	电	74.9	9.2	10.8	0.9
蓄热式电锅炉	低谷电	74.9	9.2	10.8	0.9
土壤源热泵	电	14.7	1.8	18.2	8.3
水源热泵	电	14.7	1.8	18.2	8.3
空气源热泵	电	36.7	4.5	15.5	5.6
集中供热		—	20	—	—
独立供热（燃气壁挂炉）	气	8.2	10.1	—	—

由图 7-12 可见，较传统供暖方式，电采暖方式每平方米节能为 0.9～18.2kg 标准煤，明显优于集中供热方式。

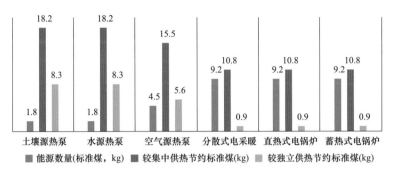

图 7-12   电气化采暖与传统采暖方式能耗比较

2）减排测算。

思路：由于电采暖方式污染物排放在发电侧，从环保角度来看，现在的大型发电厂都设置在宁夏郊区，且有大量清洁能源。另外利用大型和特大型锅炉来进行热力发电，一般都能比较高效地利用燃料，并对排放物进行脱尘、脱硫和脱氮等，可以有效减少 CO_2、SO_2、NO_2 等废气排放，缓解大气污染。基于此，本书中不计发电环节排放（后续测算同）。

测算：各种能源大气污染物及 CO_2 排放因子如表 7-10 所示。

表 7-10   各类供暖用能源大气污染物和 CO_2 排放因子

能源	大气污染物			CO_2
	烟尘	SO_2	NO_x	
电（g/kWh）	0.4	6.4	2.3	696
天然气（g/m³）	0.62	1.24	1.13	2200
煤（g/kg）	2.26	10.2	1.13	1900

注   数据来源为 http://news.xinhuanet.com/energy/2014-01/25/c_126051262.htm

基于表 7-10 数据，电气化采暖与其他以煤、天然气为能源的供暖方式大气污染物及 CO_2 排放量对比如表 7-11 所示。

测算说明：排放量＝能源数量×排放因子。

7.3.2   电气化厨房分析测算

电气化厨房是指以电炊具替代传统燃气（燃油、燃煤）炊具，利用电能实现炒、蒸、煮等全部炊事功能的厨房。

表 7-11　　　　　电气化采暖与传统供暖方式大气污染物及

CO₂ 排放量对比　　　　　　　$[g/(m^2 \cdot 年)]$

供暖方式	能源数量	大气污染物			CO₂
		烟尘	SO₂	NOₓ	
电气化采暖	—	0	0	0	0
集中供暖	—	9.84	261	148.4	52015.16
燃气锅炉	—	13.63	0.28	83.2	38144.47
燃煤锅炉	—	387	336	190.7	75919
燃气壁挂炉	18.7	11.59	23.19	92.75	41140

注 对于集中供暖、燃煤、燃气锅炉污染物排放量，参考《几种集中供热方式的分析与比较》（2010年1月《节能技术》第1期）。

7.3.2.1 电炊具简介

电炊具是以电为能源的各类炊具。

特点：电炊具具有热效率高、污染小、清洁干净、便捷、安全可靠等优点。从能效水平看，电炊具的终端利用效率可达90%以上，远远高于传统燃气灶仅55%左右的热效率水平。

技术方向：电炊具按其加热方式，可分为电磁加热炊具和直热式电炊具。电磁加热炊具主要包括电磁炉和微波炉；直热式电炊具主要包括电饭煲、电水壶等。

特性比较：电炊具与传统燃气炊具主要特性比较如表 7-12 所示。

表 7-12　　　　　　　电炊具与燃气炊具主要特性对比表

灶具种类	燃气炊具		电炊具
能源种类	罐装液化气	管道天然气	电能
辅助设备	罐子	无	无
等待时间	起火快	起火快	起火较快
方便程度	需装罐	方便	方便
安全性	比较安全	比较安全	很安全

7.3.2.2 经济测算

（1）初始投资测算。思路：灶具以购物网站的产品价格为参考（取销量排名前 5 的灶具平均价格）。对于其他炒锅、蒸锅、汤锅等因为有些电灶具和燃气灶具可以通用，而且购物网站上此类商品价格差别不大且金额较小，本书不纳入比较。现在罐装液化气的用户较少，在此只做列示说明。

基于以上思路，初始投资比较如表 7-13 所示。

表 7-13　　　　　　　　　电炊具与传统炊具初始投资对比表

能源类别	投资要素	价格（元）
电能	电磁灶单灶	249
	电磁灶双灶	2263
	配套费用（电路）	0
管道天然气	天然气双灶	535
	配套费用（管道）	约 3000
灌装液化气	液化气双灶	535
	配套费用（罐）	约 80

注　由于建设时厨房即配备电气线路，故在此以 0 计。

从初始投资方面来看，由于使用天然气炊具需要配套建设天然气管道，故综合来看天然气炊具初始投资最高。

（2）运行费用测算。

1）经济性比较。

思路：主要测算能源成本。

模拟计算环境：产生 3000kJ 等量热量（普通五口家庭做四菜一汤所需热量）。

分析测算：由表 7-14 可见，从能源消耗费用比较，罐装液化气炊具最高，其次是电磁炉，管道天然气炊具最便宜。

2）运行费用测算。考虑到罐装液化气在实际中所占比例较少且持续下降，在下面测算中不纳入比较。人均年用量及运行费用如表 7-15 所示。

表 7-14   电炊具与燃气炊具经济性比较统计表

灶具种类	燃气灶		电磁炉
能源种类	罐装液化气	管道天然气	电能
灶热效率	58%	58%	90%
燃料价	7 元/kg	2.28 元/m³	0.4883 元/kWh
燃烧值	12000kcal/kg	8600kcal/m³	860kcal/kWh
所需热量（kJ）	3000	3000	3000
能源消耗量	kg	m³	kWh
费用（元）	0.72	0.33	0.45

表 7-15   电炊具与燃气炊具年度经济性比较统计表

炊具类型	能源单价	人均年用量	人均年费用
电炊具	0.4883 元/kWh	290.88kWh	142 元
天然气炊具	2.28 元/m³	72.24m³	164.7 元

由表 7-15 可见，用电炊具比燃气炊具人均年费用减少 22.7 元，具有经济优势。

（3）节能减排测算。

1）节能测算。参考电采暖计算方式，电炊具与天然气炊具能耗折合成标准煤后比较如表 7-16 所示。

表 7-16   电炊具与天然气炊具能耗比较

炊具类型	能源数量	能源数量（标准煤，kg）	较燃气炊具节约标准煤（kg）
电炊具	290.88kWh	35.7	53.2
天然气炊具	72.24m³	88.9	—

由表 7-16 可见，电炊具比天然气炊具节能且效果显著，折合成标准煤后节约 53.2kg，仅为天然气炊具的 40.2%。

2）减排测算。以上述运行费用测算为依据，电炊具与天然气炊具大气污染物及 CO_2 排放对比如表 7-17 所示。

表 7-17　　　　电炊具与天然气炊具大气污染物及 CO_2 排放对比

炊具类型	能源数量	大气污染物 [g/(人·年)]			CO_2 [g/(人·年)]
		烟尘	SO_2	NO_x	
电炊具	290.88kWh	0	0	0	0
天然气炊具	72.24m³	44.79	89.58	358.31	158928

7.3.3　其他电气化生活

居民住宅小区除上述采暖、厨房两种电能替代方式外，其他电气化生活主要为生活热水方面以电热水器替代燃气热水器。

7.3.3.1　电热水器简介

电热水器主要是容积式电热水器、即热式电热水器。

特点：电热水器具有热效率高、污染小、清洁干净、安全等优点，但同时存在加热功率较小，加热时间较长等问题。从能效水平看，电热水器的终端利用效率可达 95%，高于燃气热水器 85% 的热效率水平。

技术方向：电热水器主要包括容积式电热水器、即热式电热水器和芯片电热水器。其中，容积式电热水器分为敞开式和封闭式两种，敞开式电热水器不能供应多处用水，封闭式电热水器能同时供应多处用水，普通家庭可直接安装使用；即热式电热水器小巧美观，使用方便，但功率和电流比较大，线路、安装要求高；芯片电热水器可实现更小功率下的即热即用，更小贮水情况下的连续性沐浴，但价格昂贵。

7.3.3.2　经济测算

（1）初始投资测算。初始投资测算参考电炊具测算方式，以 60L 容量为例，购物网站上，燃气热水器均价为 2675 元，热水器均价为 1325 元，因此电热水器较燃气热水器优势明显。

（2）运行费用测算。

1）经济性比较。

模拟测试环境：基于 2016 年宁夏居民用能价格，综合考虑电热水器和燃气热水器的热效率、能源燃烧值等因素，选取 60L 容量基准，设定温度由 15℃ 上升到 55℃，需要 1.008×10^7 焦耳热量。

经济性测算：如表 7-18 所示，电热水器成本为 1.44 元，为燃气热水器的 1.92 倍，相比运行费用较高，经济性较差。

表 7-18 各类热水器运行费用统计表

热水器种类	电热水器	燃气热水器
能源种类	电	天然气
燃烧值	860kcal/kWh	8600kcal/m³
热效率①	95%	85%
需要热量	1.008×10^7 J	1.008×10^7 J
能源单价	0.4883 元/kWh	2.28 元/m³
能源数量	2.95kWh	0.33m³
能源成本	1.44 元	0.75 元

① 数据来源：《电能替代技术、经济、政策及潜力研究分析报告》。

2）运行费用测算。根据调查数据分析，当采用局部热水供应系统时，居民的平均热水用量为 33L/（人·天）❶。基于上述经济性测算及人均月用量数据，测算所得生活热水年耗费量经济性比较如表 7-19 所示。

表 7-19 各类热水器经济性比较

热水器种类	热水用量	能源数量	能源成本
电热水器	12045L	592kWh	289 元
燃气热水器		66m³	150 元

从运行费用来看，电热水器较燃气热水器花费高 139 元，近 2 倍。

（3）节能减排测算。

1）节能测算。参考电采暖计算方式，各类热水器能耗折合成标准煤比

---

❶ 数据来源：《居民平均日热水用量研究与分析》，张磊、陈超、梁万军，国家住宅与居住环境工程技术研究中心。

较如表 7-20 所示。

表 7-20   各类热水器能耗比较

热水器种类	能源数量	能源数量 （标准煤，kg）	较燃气热水器节 约的标准煤（kg）
电热水器	592kWh	72.8	8.38
燃气热水器	66m³	81.18	—

由表 7-20 可见，电热水器较燃气热水器节能，折合成标煤后节约 8.38kg。

2）减排测算。基于上述运行费用测算数据，测算所得人均年生活热水电热水器与燃气热水器的大气污染物及 CO_2 排放对比如表 7-21 所示。

表 7-21   各类热水器大气污染物及 CO_2 排放量对比

热水器种类	能源数量	大气污染物 [g/（人·年）]			CO_2 [g/（人·年）]
		烟尘	SO_2	NO_x	
电热水器	592kWh	0	0	0	0
燃气热水器	66m³	40.92	81.84	327.36	145200

7.3.3.3　电气化出行替代分析测算

（1）电动汽车。电动汽车是以车载电源为动力，用电机驱动车轮行驶的车辆。电动汽车起步快，零排放，噪声小，等候交通信号和交通拥堵时不耗能，适用于城市用车。

（2）经济测算。

1）初始投资测算。初始投资包含电动汽车购买费用及充电桩建设费用（包含桩体成本）。因电动汽车价格差异较大未纳入初投资计算；经调研，北京市安装充电桩成本为 1600～2100 元，目前多为买车送桩，故无充电桩建设费用支出。因此对用户来说初始投资以零计算。

2）运行费用测算。运行费用包含电动车充电费用及充电桩维修费用。目前，充电桩质保期多为 2 年，后期故障几率很小，故以零计算（见表 7-22）。

表 7-22 电动与燃油车年运行费用比较

车辆种类	电动车	燃油车
能源种类	电	92♯汽油
百公里能源消耗	20kWh	8L
能源单价	0.4883 元/kWh	5.92 元/L
能源数量	3000kWh	1200L
能源成本	1464.9 元	7104 元

模拟计算环境：年行驶 1.5 万 km；92♯汽油油价 5.92 元/L（发布时间为 2020 年 11 月）。

经核算，燃油车年油耗 1200L，油费 7104 元；电动汽车年电耗 3000kWh，电费 1464.9 元，仅为燃油车的 20.6%。

从运行费用来看，电动车较燃油车运行费用优势明显。

（3）节能减排测算。

1）节能测算。参考电采暖计算方式，电动汽车与汽油车能耗折合成标准煤后比较如表 7-23 所示。

表 7-23 电动汽车与汽油车能耗比较

车型	能源数量	能源数量 （标准煤 kg）	较汽油车节约 标准煤（kg）
电动车	3000kWh	368.7	902.6
汽油车	1200L	1271.3	—

注 20℃时汽油密度为 720～775kg/m³。❶

由表 7-23 可见，电动汽车较汽油车节能效果显著，折合成标准煤后电动车能耗较汽油车节约 902.6kg 标准煤，仅为汽油车能耗的 29%。

2）减排测算。基于运行费用测算数据，电动车与汽油车年排放数据❷对比如表 7-24 所示。

---

❶ 数据来源：GB 17930《车用汽油》。
❷ 参考《中国不同排放标准机动车排放因子的确定》欧 V 标准排放因子。

表 7-24　　　　　电动车与汽油车大气污染物及 CO_2 排放量对比

车型	能源数量	大气污染物[g/(车·年)]			CO_2 [g/(车·年)]
		烟尘	SO_2	NO_x	
电动车	3000kWh	0	0	0	0
汽油车	1200L	450	300	1500	8043000

7.4　新建住宅小区电能替代的经济性分析

（1）模拟计算环境：以一栋标准住宅楼为例，板楼，共 20 层，4 个单元，每单元 2 梯 4 户，户型为 2 个 $120m^2$ 三居和 2 个 $80m^2$ 两居。合计 320 户，其中 3 居 160 户，2 居 160 户，总面积为 $32000m^2$。3 居为 5 口之家，2 居为 3 口之家，合计共有居民 1280 人。车位配比为 1：1 建设，均安装充电桩。

（2）测算结果：基于上述假设，经测算（详见 7.3.1～7.3.3 节），电气化住宅与传统住宅相比的效果如表 7-25 所示。

表 7-25　　　　　电气化住宅与传统住宅效果比较

类别		电气化住宅与传统住宅相比
初始投资		节约 168.7 万元
运行费用		节约 185.41 万元
电能替代	空间	增加售电量 256.05 万～448.69 万 kWh
	经济效益	增加售电收入 125.03 万～219.09 万元
节能减排	节能	节约 396.4～950t 标准煤
	减排	节省治理费用 88 万～127 万元

7.4.1　经济性分析

基于上述章节测算数据，电气化住宅与传统住宅相比，初始投资可节约 168.7 万元，年运行费用可节约 185.41 万元。详细数据如表 7-26 所示。

表 7-26 　　　　　　　　电气化住宅与传统住宅经济性比较　　　　　　　　（万元）

类别	与传统模式相比	初始投资	年运行费用
电气化采暖	市政、小区、独立供暖	84.8	19.84
电气化厨房	燃气炊具	40.7	2.91
其他电气化生活	燃气热水器	43.20	−17.79
合计		168.7	185.41

注　1. 表中电气化采暖的初始投资与年运行费用取与传统的市政、小区、独立供暖三种传统方式相比
　　　数据的平均值。
　　2. 电气化采暖年运行费用取享受补贴电价后费用。
　　3. 表中数字为正表示该类别电气化住宅费用低于传统住宅费用，数字为负表示该类别电气化住宅
　　　费用高于传统住宅费用。

7.4.2　电能替代空间测算

120m^2 户型和 80m^2 户型电能替代项目年指标统计如表 7-27 和表 7-28
所示。

表 7-27 　　　　　　120m^2 户型（5 口之家）电能替代项目年指标统计

替代项目		初投资（元）	年运行费用（元）	年耗电量（kWh）
电气化取暖	碳晶	19800	4392	8988
	发热电缆	22800	4392	8988
	电热膜	19200	4392	8988
	直热式	16800	4752	8988
	蓄热式	18360	2400	8988
	水源热泵	32400	2064	1764
	空气源热泵	24000	3120	4404
电气化厨房	电磁灶单灶	249	710	1454.4
	电磁灶双灶	2263	710	1454.4
其他电气化生活	—	1325	1445	2960

表 7-28   80m² 户型（3 口之家）电能替代项目年指标统计

替代项目		初投资（元）	年运行费用（元）	年耗电量（kWh）
电气化取暖	碳晶	13200	2928	5992
	发热电缆	15200	2928	5992
	电热膜	12800	2928	5992
	直热式	11200	3168	5992
	蓄热式	12240	1600	5992
	水源热泵	21600	1376	1176
	空气源热泵	16000	2080	2936
电气化厨房	电磁灶单灶	249	426	872.64
	电磁灶双灶	2263	426	872.64
其他电气化生活	—	1325	867	1776

基于上述两个户型的统计指标，可以得出该住宅楼电能替代空间为 256.05 万～448.69 万 kWh（取决于采用何种电气化取暖方式）。如果不考虑峰谷电价，概略测算可年增加售电收入 125.03 万～219.09 万元。

7.4.3 节能减排测算

节能测算如表 7-29 和表 7-30 所示。

表 7-29   120m² 户型（5 口之家）电气化住宅节能统计

替代项目	节约标准煤（kg）
电气化采暖	108～2184
电气化厨房	266
其他电气化生活	41.9

表 7-30   80m² 户型（3 口之家）电气化住宅节能统计

替代项目	节约标准煤（kg）
电气化采暖	72～1456
电气化厨房	159.6
其他电气化生活	25.1

基于上述两个户型的统计指标，可以得出该住宅楼可较传统模式节约的标准煤为396.4～950t。

减排及减排效益测算。以120m^2户型（5口之家）和80m^2户型（3口之家）为例，测算两个户型排放的大气污染物，如表7-31和表7-32所示。

表7-31　　　　120m^2户型（5口之家）传统模式下大气污染物

及CO_2年排放统计　　　　　　　　　　　　　（kg）

替代项目		烟尘	SO_2	NO_x	CO_2
传统采暖	集中供暖	1.18	31.32	17.81	6241.82
	燃气锅炉	1.64	0.03	9.98	4577.34
	燃煤锅炉	46.44	40.32	22.88	9110.28
	燃气壁挂炉	1.39	2.78	11.13	4936.80
燃气厨房		0.22	0.45	1.79	794.64
汽油车出行		0.45	0.30	1.50	8043.00
燃气热水		0.20	0.41	1.64	726.00

表7-32　　　80m^2户型（3口之家）传统模式下大气污染物及

CO_2年排放统计　　　　　　　　　　　　　（kg）

替代项目		烟尘	SO_2	NO_x	CO_2
传统采暖	集中供暖	0.79	20.88	11.87	4161.21
	燃气锅炉	1.09	0.02	6.66	3051.56
	燃煤锅炉	30.96	26.88	15.26	6073.52
	燃气壁挂炉	0.93	1.86	7.42	3291.20
燃气厨房		0.13	0.27	1.07	476.78
汽油车出行		0.45	0.30	1.50	8043.00
燃气热水		0.12	0.25	0.98	435.60

基于上述两个户型的统计指标，可以得出该住宅楼较传统模式减少大气污染物及CO_2排放量如表7-33所示。

若对以上大气污染物及CO_2进行治理，需要投入费用如表7-34所示。

表 7-33　　　　　　　大气污染物及 CO_2 排放年统计表　　　　　　（t）

污染物及 CO_2 排放	大气污染物			CO_2
	烟尘	SO_2	NO_x	
上限	12.64	11.07	7.46	5392.45
下限	0.57	0.32	4.02	4183.67

表 7-34　　　　　　　大气污染物及 CO_2 治理费用　　　　　　（万元）

治理费用	大气污染物			CO_2	合计
	烟尘	SO_2	NO_x		
上限	0.7584	11.07	7.46	107.8	127
下限	0.0342	0.32	4.02	83.7	88

注 1. 以目前技术、工艺，CO_2 回收成本平均约 200 元/t。

2. 对于大气污染物，先计算排污费用，治理投入为排污费的 30 倍。

3. 排污费用计算方法见附件。

基于以上测算结果，可认为减排带来的经济效益为 88 万~127 万元/年。

7.5　面临的问题、建议及展望

7.5.1　面临的问题

长期来看，电力化、清洁化已成能源发展的大趋势，电力化将成为新一轮能源革命的根本路径，但随着电能替代进入"深水区"，面临的问题日益显现。

（1）经济效益导致用户缺乏替代积极意愿。以电采暖为例，"电代煤"的成本约为散烧煤的 4 倍。偏远农村以烧散煤、牛粪取暖为主，成本低，加之一些地区环保意识薄弱，明确表示电热炕只是晚上用电费还可以接受，但如果白天做饭取暖也用电的话，费用则较高，大多数家庭无法承担。

在当前能源价格水平、政策条件下，电能替代各项技术或设备中，仅有电动汽车、电窑炉等技术经济性较强，其他如电锅炉、电采暖等技术经济性较弱。初期一次投入较大、后期运营面临价格补贴退坡等均影响用户替代意愿。

（2）技术标准及法律法规严重滞后。由于我国在全球领域电能替代具有很强的"实践操作"能力，全球也没有相应的统一标准，导致我国电能替代领域的技术标准及法律法规严重滞后。如电动汽车领域，电动车辆传导充电系统在 2015 年已有国家标准，然而，不同厂商的产品在充电时间和电能转化效率上还是存在一定的差异。

（3）电力增容面临困难。由于农村、农牧区等基础设施建设欠佳，在推广"以电代煤""以电代牛粪"项目时，存在电力增容困难等问题。

7.5.2 建议及展望

（1）电能替代统一规划，提高电能替代经济性、促进可再生能源消纳。建议加大电能替代的统筹规划，避免各类能源品种之间的低效竞争，实现能源的最优化配置。完善能源价格形成机制，使电力与其他能源之间形成合理的比价关系，确保价格信号有效传递，引导用户从费用节约向资源节约的观念转变。

（2）加强技术攻关，鼓励科技创新。尤其是注重核心装备能源利用效率，降低成本，从用户侧、电网侧、电源侧多层面综合创新。明确能源科技创新战略方向和重点，组建跨领域和跨学科的研究团队，加强电能替代产品的研究和经济对比，采用自主创新和引进吸收等措施，集中攻关分散式电采暖、电锅炉、电窑炉、家庭电气化、热泵、电蓄冷空调、港口岸电、机场桥载设备替代 APU 等关键技术。

（3）完善电力市场机制，形成新能源跨省区消纳机制。建议优化电力调度运行，提高风光消纳的技术手段和管理措施，充分发挥跨省区联络线调剂作用，建立省际调峰资源和备用的共享机制，促进送端地区与受端地区调峰资源互剂。利用先进技术，建立电网侧集中预测预报体系，加强电网调度机构与发电企业在可再生能源发电功率预测方面的衔接协同。另外，建立合理的利益调整机制，提高火电、水电等常规机组提供大量调峰、调压、备用等辅助服务积极性，促进可再生能源消纳。

（4）加快建立统一市场标准。针对既有标准和规范，制定电能替代相关设备制造、建设、检测、运营等方面的国家标准，建立健全电能替代基础设施标准体系，完善技术标准和准入制度，促进我国电能替代规范有序发展。标准规范宜细致、完善、可操作性强。

（5）创新商业模式。鼓励企业灵活采用合同能源管理（EMC）、设备租赁、建设经营移交（BT、BOT、PPP）、工程总包（EPC）等模式开展商业运营。建议拓宽融资渠道，吸引民营资本和社会资本的进入，打通电能替代研发与生产的融资渠道。激励金融机构拓展适合电能替代技术设备推广的融资方式和配套金融服务，解决电能替代推广的资金问题，提升其发展空间。

电能具有清洁、安全、便捷等优势，实施电能替代对于推动能源的消费革命、落实国家能源战略、促进能源清洁化发展等意义都很大。同时，也是提高电煤比重、控制煤炭消费总量、减少大气污染的重要举措。

稳步推进电能替代，有利于构件层次更高、范围更广的新型电力消费市场，扩发电力消费，提升我国的电气化水平，提高人民大众的生活质量。同时，也能够带动相关设备制造行业的发展，拓展新的经济增长点。

参 考 文 献

［1］ 刘人境，高曦含，张光军．基于灰熵模型的区间型指标和权重的不确定多属性决策方
　　　法及其应用［J］．控制与决策，2020，35（03）：657-666．

［2］ 高晓红，李兴奇．主成分分析中线性无量纲化方法的比较研究［J］．统计与决策，
　　　2020，36（03）：33-36．

［3］ 陈昱含．宁夏煤炭工业转型发展路径研究［J］．神华科技，2018，16（7）：3-6．

［4］ 封红丽．国内外综合能源服务发展现状及商业模式研究［J］．电器工业，2017，（6）：
　　　34-42．